UX デザインの法則

最高のプロダクトとサービスを支える心理学

Jon Yablonski 著

相島 雅樹、磯谷 拓也、反中 望、松村 草也 訳

O'REILLY®
オライリー・ジャパン

Laws of UX

Using Psychology to Design Better Products & Services

Jon Yablonski

Beijing • Boston • Farnham • Sebastopol • Tokyo

日本の読者へ

UXデザインと交差する心理学の原則をまとめるべくウェブサイト（「Laws of UX」https://lawsofux.com）をたちあげた頃は、それがまさか世界中のとても多くの人たちに価値と影響を与えるものになるとは思ってもみませんでした。このウェブサイトはいまや、デザイナーやデザイナーを志す人のどちらにも価値あるリソースとなり、彼らの手助けとなっているのです。このウェブサイトを書籍として出版する機会をいただき、複雑な心理学の経験則をもっとデザイナーに身近なものにしたい、というわたしの夢は現実のものとなりました。本書が各国で翻訳されていくことは、わたしが夢見たゴールをさらにその先へと推し進めます。日本語訳の出版を本当に光栄に思っています。

本書では、いくつかの重要な原則をまとめ、幅広い話題に触れています。この本で取り上げた原則は、心理学の概念を幅広く議論するための土台となるものであり、また、わたしがこれまでに特に強く影響を受けてきたものでもあります。本書は網羅的な資料を目指したものではなく、むしろデザインと交差する心理学の実践的なガイドを目指しました。もっと網羅的に知りたい人は、ぜひウェブサイトも訪れてみてください。

ウェブサイトでは、以下のような原則も紹介しています。

- **目標勾配効果**（Goal-Gradient Effect）：目標へ近づくにつれ、さらに目標を達成しやすくなる。
- **共域の法則**（Law of Common Region）：明確に境界が定められた領域を共有する要素は、グループとして知覚されやすい。
- **近接性の法則**（Law of Proximity）：近くにある、ないし、お互いに接する対象は、同じグループとして知覚されやすい。
- **プレグナンツの法則**（Law of Prägnanz）：曖昧ないし複雑なイメージは、できるかぎり簡潔な形態として受け取られやすい。そうすることで認知負荷を最小限に抑えられる。

● **類似性の法則**（Law of Similarity）：互いに類似した要素は、たとえそれがバラバラに配置されていたとしても、1つの絵、かたち、グループとして知覚される。

● **連続性の法則**（Law of Uniform Connectedness）：視覚的につながった要素はつながりのない要素よりも関連性があると知覚されやすい。

● **オッカムの剃刀**（Occam's Razor）：同じ予測を示しているならば、仮定がもっとも少ない仮説を選ぶべきだ。

● **パレートの法則**（Pareto Principle）：多くのできごとでは、効果の80％は20％の要因から生じる。

● **パーキンソンの法則**（Parkinson's Law）：どんなタスクも時間を使い切るまで膨れ上がる。

● **系列位置効果**（Serial Position Effect）：系列の最初と最後の項目がもっとも記憶に残りやすい。

● **ツァイガルニク効果**（Zeigarnik Effect）：完了したタスクよりも未完了や中断したタスクのほうが記憶に残りやすい。

直感的で人間中心的なプロダクトや体験を作るために本書で詳説している原則をぜひ使ってみてください。どんなに洗練されたデザインだとしても、人がどのように環境を知覚して処理するかという「青写真」を用いず、ただデザインに押し込めようとすれば、失敗は起こりうるでしょう。本書をお楽しみいただき、計り知れない価値があなたにもたらされることを願ってやみません。

2021年1月

ジョン・ヤブロンスキ

Preface

はじめに

わたしは以前デザイナーとして、あるクライアントとの非常に挑戦的なプロジェクトに取り組んだ。そのときに感じた得も言われぬやりづらさが、本書を書くきっかけになっている。当初、このプロジェクトは難航することはあれど、わくわくするものになる予感があった。比較的短期間かつ馴染みのない分野だったが、著名ブランドのプロジェクトで世界中の多くの人に見てもらえるようなデザインに参画するチャンスでもあった。この類いのプロジェクトはいつも、たくさんの学びと成長の機会を与えてくれるので積極的に取り組んできたのだが、このプロジェクトにはそれまでにはない特徴があった。デザイン上のいくつもの意思決定を、データの裏付けもなしにプロジェクトの関係者に納得してもらう必要があったのだ。いつも通り定量ないし定性のデータがあればスムーズに進められる。だが、このときは使えるデータがなかったので、納得してもらうためにいままでの方法は採れなかった。既存のデザインを変更すべき根拠が全くない状態で、どのように初期のデザイン案を検証すればよいのだろう。ご想像の通り、デザインについての議論は、たちまち主観と思い込みに支配され、さらに検証困難になっていった。

そこでふと思いついたのが、人の心の働きを深く理解するための心理学が、このような状況に役立つのではないかということだ。わたしはすぐに行動心理学や認知心理学の広く深い領域にのめり込んだ。そして、これまでわたしがしてきたデザイン上の意思決定を裏付ける実証的な証拠を見つけ出すべく、気がつくと数え切れない研究の論文や記事を読み漁っていた。この探究は、プロジェクト関係者にデザインの方向性を納得してもらうのにとても役立っただけでなく、しまいにはわたしをデザイナーとして成長させてくれる知識の宝庫となっていたようだ。ただ、1つ問題があった。オンラインでよい参考資料を見つけようとするのは非常にしんどい作業なのだ。インターネットで検索すると、膨大な数の学術論文、科学的研究が出てきて、一般向けの記事はまれだ。出てきたとしても、どうにもデザイナーとしての仕事に直接関係があるものには思えなかった。わたしが求めていたのは、デザイナー向けの情報源だったが、オンラインでは少なくともわたしが理想とするかたちでは提供されていなかった。結局、自分が探し求めていた情報源を自分自身で創り出すことに決めた。その成果が、「Laws of UX*1」[図1]というウェブサイト（https://lawsofux.com/）だ。この思いのこもったプロジェクトのおかげで、わたしは発見から学び、著述を重ねることができた。

図1　ウェブサイト「Laws of UX」のスクリーンショット（2020年頃）

定量、定性のデータの不在が心理学とユーザー体験（UX）との交差点へとわたしの目を向けさせ、このことがキャリア上の転換点となった。もちろん、データがあるに越したことはない。だが、心理学へと足を踏み入れたことで、人の行動の仕方とその理由を理解する基礎を固めることができた。本書は、デザイナーにとってとりわけ有用に思えるいくつもの心理学的原則と概念に焦点を当て、Laws of UXのウェブサイトの内容に加筆修正したものだ。

なぜ本を書こうと思ったのか

本書を書いた目的は、特に心理学や行動科学の背景知識を持ち合わせていないデザイナーに、心理学の複雑な法則をもっとよく知ってもらうためだ。デザインの役割が組織において強い影響力をもつ今日において、心理学とUXデザインの交差点というトピックは、まさに必要とされている。デザインが注目を集める中、どのよ

*1　訳注：本書の原題は『Laws of UX』。

うなスキルを身につければデザイナーの価値と貢献度がさらに高まるのかという議論が熱を帯びている。デザイナーはコードが書けて、文章が書けて、ビジネスを理解できているべきなのだろうか。もちろん全部できたほうがいいが、必須ではない。一方でわたしは、すべてのデザイナーが心理学の基礎を学ぶべきだと思っている。

わたしたち人間が世界を認識し処理する仕方の根っこには「青写真」がある。心理学を勉強すれば、この青写真を解読できるようになってくる。あなたが、もっと人間中心的で直感的なプロダクトや体験を作ろうとしているデザイナーなら、これらの知識は相当使い勝手がよいはずだ。ユーザーをお仕着せのプロダクトや体験に押し込めるのではなく、デザインをユーザーに合わせるための手引きとして、心理学から重要な原理の数々を活用しよう。これが、本書並びに人間中心のデザインの基礎となる考え方だ。

だがいったいどこから始めればいいのだろう。使い勝手がよい心理学の原理はどれだろう。原理を応用した事例には、どのようなものがあるのだろう。とたんに紙幅が尽きてしまうほどに、心理学の法則や理論は数限りなくある。だが、わたし自身が幅広く応用できて使い勝手もよいと感じた法則や理論は、両手で数えられるくらいだ。本書では、それら指折りの法則や理論に分け入り、わたしたちが日々接しているプロダクトや体験の中でどう効果的に応用されているか、いくつかの事例を紹介しよう。

どんな人に読んでほしいのか

デザインの手腕を磨きたいと思っている、心理学とデザインの交差点について深く知りたいと思っている、あるいは、よいデザインと出会ったとき人はどんな反応をするのかをただ知りたいと思っている、そんな人に、本書はぴったりだ。本書では、心理学をもっと理解し、そして心理学が自分たちの仕事にどのような影響を与え、どういった共通点を持つのかを理解したいと思うデザイナーを読者として想定している。プロのデザイナーにも、デザイナー志望の人にも読んで欲しい。人間の知覚や心理的プロセスへの理解がユーザー体験全体へどんな影響を及ぼすのかを知ろうとしている人なら誰しも対象だ。本書は、とりわけデジタルのデザインに焦点を当てている。デジタルは、グラフィックデザインや工業デザインなどが扱う伝統的な媒体とは正反対だが、そこで得られる知見はユーザー体験を作り出そうとする誰しもが広く応用できる内容となっている。本書は決して網羅的なものではなく、あくまで心理学の中でも、デザインに直接関わるものや、人がインターフェースとどのように向き合い、やり取りするのかに関するものを取り上げて紹介している。事例をたくさん掲載し、デザイナーが日々の仕事の中で少しずつ読んだり調べたりできるようにした。

本書は、よいデザインがビジネスにもたらす価値を理解したい人、なぜよいデザインがビジネスや組織を変えるのかを理解したい人のためのものでもある。UXデザインの分野は、競争優位を求める企業の新しい投資対象として新たな領域へと成長し拡大している。このような関心の高まりの中、プロダクトとサービスはよくデザインされたものでなければならないし、ただウェブサイトとアプリがあるだけではもはや不十分だ。企業が自社のウェブサイトやアプリ、その他のデジタル体験を提供する際には、使い勝手がよいこと、効果があること、それによくデザインされていることが不可欠だ。その実現のために、デザイナーは心理学の助けを借りることでデジタルインターフェースだけでなく、実世界を人が知覚し、処理し、やり取りする実際の姿を理解し、それらをデザインすることができる。

本書に書かれていること

第1章　ヤコブの法則

ユーザーは他のサイトで多くの時間を費やしているので、あなたのサイトにもそれらと同じ挙動をするように期待している。

第2章　フィッツの法則

ターゲットに至るまでの時間は、ターゲットの大きさと近さで決まる。

第3章　ヒックの法則

意思決定にかかる時間は、とりうる選択肢の数と複雑さで決まる。

第4章　ミラーの法則

普通の人が短期記憶に保持できるのは、7(±2)個まで。

第5章　ポステルの法則

出力は厳密に、入力には寛容に。

第6章　ピークエンドの法則

経験についての評価は、全体の総和や平均ではなく、ピーク時と終了時にどう感じたかで決まる。

第7章　美的ユーザビリティ効果

見た目が美しいデザインはより使いやすいと感じられる。

第8章　フォン・レストルフ効果

似たものが並んでいると、その中で他とは異なるものが記憶に残りやすい。

第9章　テスラーの法則

どんなシステムにも、それ以上減らすことのできない複雑さがある。複雑性保存の法則ともいう。

第10章　ドハティのしきい値

応答が0.4秒以内のとき、コンピューターとユーザーの双方がもっとも生産的になる。

第11章　力には責任が伴う

この章では、心理学を用いて直感的なプロダクトや体験を生み出すことの意味を深く考える。

第12章　心理学的な原則をデザインに適用する

この章では、心理学の原理を、デザイナーが自分のものにする方法、応用する方法、そして、それによってチームのゴールや優先順位を明確にする方法について考えてみる。

謝辞

何よりもまず、妻のクリステンに感謝しないといけない。彼女の愛と支援は際限なく、いくつもの点でわたしにとっては欠かせないものだった。彼女なしに本書の完成はありえなかった。母にも感謝しないといけない。当初からわたしの夢を励まし、支援してくれた、わたしが知る限りもっとも芯の強い人だ。それと、わたしとわたしの家族は、ジェームズ・ロリンズに一生の感謝を捧げるだろう。本書の執筆に協力してくれた同僚のデザイナーたちにも感謝したい。とりわけジョナサン・パターソン、ロス・レガシーには順不同で、常に的確なデザインの助言とフィードバックをもらった。クリスティアン・ミラーには励ましと助言、得難い言葉の数々を、ジム・ランプトンとリンジー・ランプトン、デイヴ・サッカリー、マーク・マイケル・コシェルジンスキ、エイミー・ストダード、ボリス・クラウザー、トレバー・アヌレヴィッツ、クレメンス・コンラッド、それに数え切れない人たちに支援と励ましをもらった。それに、このプロジェクトに携わった人たちにも感謝の意を表したい。彼らからの刺激が、本書の誕生に直接つながっている。ジェシカ・ハーバーマンにも感謝したい。彼女は、わたしを見込んで、本を書くよう励ましてくれた。そして、最後に執筆過程を通じてアンジェラ・ルフィーノからもらった助言、忍耐、フィードバックに、最大級の感謝の意を表したい。

目次

CHAPTER 1

ヤコブの法則

Jakob's Law

CHAPTER 1 *Jakob's Law*

ヤコブの法則

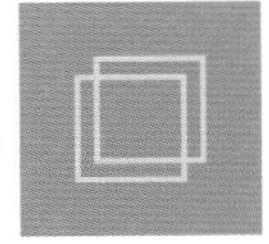

ユーザーは他のサイトで多くの時間を費やしているので、あなたのサイトにもそれらと同じ挙動をするように期待している。

ポイント

- ユーザーが慣れ親しんだプロダクトと見た目が似ていれば、同じように動くことを期待される。
- すでにあるメンタルモデルを活かせば、ユーザーは新たなメンタルモデルの学習なしにタスクに集中でき、ユーザー体験の質が高まる。
- 変更時の違和感を最小限にとどめるためには、慣れ親しんだバージョンを使い続けられる移行期間を設けよう。

概要

慣れというものには、信じられないほどの価値がある。ユーザーは慣れているプロダクトやサービスなら、ちょっと触っただけで、どこを辿れば必要なコンテンツが見つかるのか、どこが選択できるのか、ページのレイアウトやビジュアルを手掛かりにすぐに理解できるし、使えるようになる。心理的な負担を減らすほど、認知負荷は確実に低下する。つまり、ユーザーがインターフェースの学習にかける精神的なエネルギーを減らせれば、目標達成にもっと力を割けるようになり、成功確率も高まる。

インターフェースの摩擦をできるだけなくしてユーザーが目標を達成しやすくする。これがデザイナーの目指すことだ。すべての摩擦が悪いわけではない。実際に必要な場合もある。しかし、価値のない、あるいは、目的に沿わない余計な摩擦を避けたり取り払ったりできるなら、そうしない理由などない。

デザイナーとして摩擦を減らしたいなら、ページの構成あるいは定番の要素（ワークフロー、ナビゲーション、サーチなどの）の配置に、普及したデザインパターンや慣例を活用しよう。そうすることで、ウェブサイトやアプリの構造をはじめに学ぶ必要がなくなり、ユーザーはすぐに仕事に取り掛かれるようになる。では、このデザイン原則が成り立っている事例をいくつか見る前に、まずはその起源を見てみよう。

起源

ヤコブの法則（ヤコブのインターネット・ユーザーエクスペリエンス法則）は、ユーザビリティの専門家ヤコブ・ニールセンによって2000年に提唱された。ニールセンによれば、ユーザーは他のウェブサイトでの経験の積み重ねを通じて「デザインはこうあるべき」という期待を築き上げる傾向がある[*1]。この観察結果は人の本性の法則だとニールセンは指摘し、ありふれた慣例に従ったデザインにすることで、ユーザーがサイトの中身やメッセージ、扱う商品にもっと集中できるようにすべきだと提言した。逆に、まだ慣例となっていないデザインは苛立ちと混乱を引き起こし、あきらめと離脱を生じさせる。インターフェースのふるまいがユーザーの思う「**こうあるべき**」に当てはまっていないからだ。

ニールセンの言う「経験の積み重ね」によって、ユーザーは新しく訪れたウェブサイトや新しいプロダクトがどのようにふるまうのか、そこで何ができるのかがわかるようになる。その要因の根源には、**メンタルモデル**という心理学の概念がある。メンタルモデルは、ユーザー体験に関する最重要概念の1つだ。

＊1　原注：Jakob Nielsen, “End of Web Design,” Nielsen Norman Group, July 22, 2000, https://www.nngroup.com/articles/end-of-web-design

心理学上の概念

メンタルモデル

メンタルモデルとは、システム、特にそのふるまいについて、わたしたち自身がどう理解しているかという概念のことだ。ウェブサイトのようなデジタルのシステムであれ、スーパーマーケットのレジ待ち行列のような実世界のシステムであれ、システムに何をしたらどうなるのか、というモデルをわたしたちは頭の中に構築している。そしてそのモデルを、似ているが直面したことのない状況に応用している。つまり、過去の経験から得た知識によって、新たなものごととやり取りするのだ。

メンタルモデルは、デザイナーの武器になる。メンタルモデルに沿ったユーザー体験は、よりよいものになる。ユーザーのメンタルモデルに沿うには、他のプロダクトや他での経験で得た知識を持ち込めるようにすればよい。プロダクトやサービスのデザインがユーザーのメンタルモデルに沿うものとなったとき、はじめてよいユーザー体験が実現できる。デザイナー自身のメンタルモデルとユーザーのメンタルモデルの間に隔たりがあるとき、それを埋めるという難題には、ユーザーインタビュー、ペルソナ、ジャーニーマップ、エンパシーマップなどの手法が役に立つ。ユーザーが達成したい目的・目標は何か、すでにできあがっているユーザーのメンタルモデルはどんなものか、そしてそれらすべての要素がどのようにわたしたちが作ろうとしているプロダクトやユーザー体験に応用できるのか。このようなインサイトを深めるために、これらの手法はある。

事例

フォーム要素がなぜいまの姿かたちになったのか、疑問に思ったことはないだろうか［図1-1］。実世界で慣れ親しまれてきた制御盤を下敷きにしてフォーム要素のメンタルモデルが構築されたから、がその答えだ。トグルにもラジオボタン要素にも、ボタンのデザインにさえ、物理的に手に取れる参照元が存在する。

わたしたちのデザインがユーザーのメンタルモデルとあっていない場合、問題が起きる。この不一致は、プロダクトやサービスの見え方だけでなく理解の速さにも影響する。これは**メンタルモデル不協和**（mental model discordance）と呼ばれるもので、使い慣れたプロダクトが突如変更されたときに生じる。

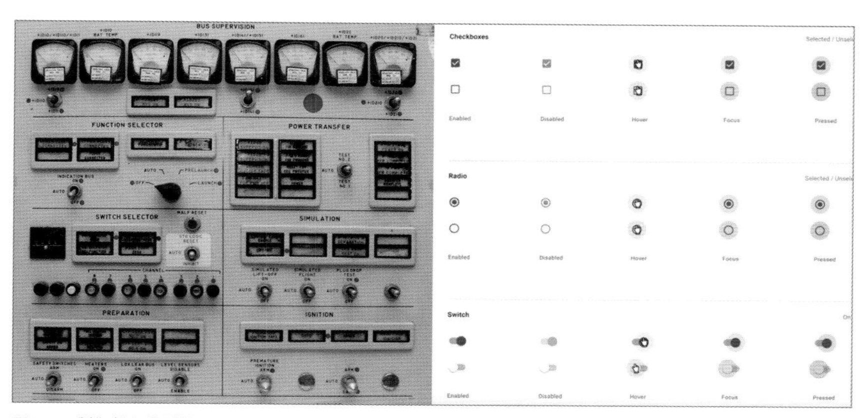

図1-1　制御盤と典型的なフォーム要素を比べてみよう。出典：Jonathan H. Ward（左）、Googleのマテリアルデザイン（右）

メンタルモデル不協和の悪名高い事例として、Snapchatの2018年のリデザイン*2が挙げられる。ゆるやかな反復的開発や広範囲にわたるβテストといった段階を踏まず、いきなり大規模なオーバーホール*3をリリースした。ストーリーの視聴と友達とのコミュニケーションを同じ場所に配置するなど、使い慣れたアプリのフォーマットを劇的に変更したのだ。不満を持ったユーザーは、すぐに大挙してTwitterに不満を書き立てた。さらに悪いことに、それに続いて、ユーザーたちはSnapchatから競合サービスであるInstagramへと鞍替えしてしまった。Snapchatを運営するSnap社のCEOであるエヴァン・シュピーゲルは、リデザインによって広告出稿の活性化やユーザーごとのカスタマイズ広告の展開を期待していたが、実際に起きたのは広告閲覧数と収益の低下、それにアプリユーザー数の劇的な減少だった。Snapchatは、ユーザーのメンタルモデルに合わせてアプリをリデザインできなかったために、メンタルモデル不協和によって大きな反発を招いた。

大規模なリデザインは、常にユーザーを失うわけではない。Googleの例を見てみよう。Googleカレンダー、YouTube、Gmailなどのプロダクトでは、リデザインの際に、ユーザーが新たなバージョンを使うか選択できるようにしてきた。2017年、YouTubeにおいて数年ぶりのデザイン刷新となる新バージョンがリリー

*2　訳注：redesign。ここでは表層的な意匠の変更のみならず、設計全体に変更が加わるプロダクトの改修を指している。

*3　訳注：オーバーホールとは、航空機や車両、自転車などの構築物を、一度分解して修繕、清掃後、再度組み立て直すこと。ここでは、プロダクトの大規模なリニューアルを意味する。

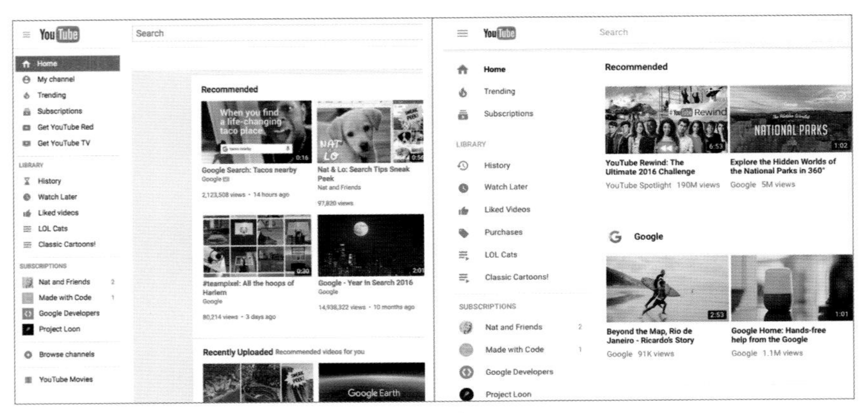

図1-2　YouTubeのリデザイン前（左）とリデザイン後（右）出典：YouTube、2017年

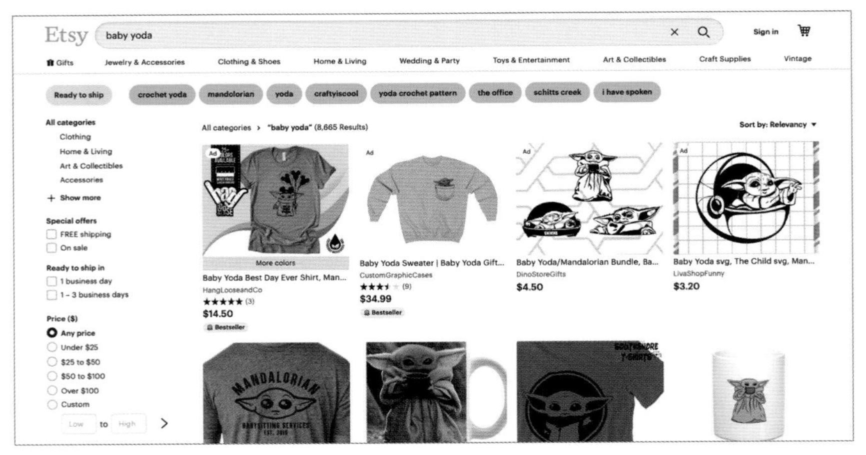

図1-3　EtsyのようなECサイトでは、すでにできあがったメンタルモデルを活かして、新たなインタラクションを覚える必要なく商品の購入に集中できるようにしている。出典：Etsy、2019年

スされたときには［図1-2］、デスクトップユーザーは、新しいマテリアルデザインを押し付けられることはなかった。ユーザーは新しいデザインを試し、徐々に慣れたり、フィードバックを送ったりして、旧バージョンがよければ戻すこともできた。好きなタイミングで、切り替えられるようにするだけで、メンタルモデル不協和を緩和できる。

多くのECサイトでは、すでにできあがっているメンタルモデルをうまく活かしている。ショッピングサイトのEtsy［図1-3］では、ユーザーが商品を見つけ出して

図1-4　2020年型 Mercedes-Benz EQC 400のプロトタイプのシートコントローラーは、座席のメンタルモデルに基づいている。出典：MoterTrend、2018年

購入するという重要なタスクにうまく集中できるよう、巧みにメンタルモデルを活用している。商品を選び、カートに入れ、会計するまでのプロセスを、ユーザーが過去に蓄積した知識に当てはめ、ユーザーの期待に沿ったものにしている。こうすることでプロセス全体が、快適で慣れ親しんだものになる。

メンタルモデルの活用は、デジタルに限ったものではない。自動車分野、とくに制御系において、わたしの好きな事例がある。2020年型 Mercedes-Benz EQC 400のプロトタイプを見てみよう[図1-4]。各座席の横のドアパネルにあるシートコントローラーは、座席の形状に対応するかたちで配置されている。このデザインにより、ユーザーはどのボタンを押せばシートのどの部分を調整できるのか一目瞭然だ。車の座席についてユーザーが持ち合わせているメンタルモデルと配置をあわせることで、デザインを効果的なものにしている。

これらの事例では、すでにあるメンタルモデルを活かせば、ユーザーがすぐにプロダクトを使いこなせるということがわかる。一方で、メンタルモデルを考慮しなければ、混乱やいらつきが生じる可能性がある。ここまでくると、次のような重要な疑問が浮かんでくる。ヤコブの法則に従うとすべてのウェブサイトやアプリがどれも同じになってしまわないだろうか。そして、より適切な新しい解決策がある場合でも既存のUXパターンしか使ってはいけないのだろうか。

テクニック

ユーザーペルソナ

みんなが言う「ユーザー」が、いったいどこの誰のことなのかわからないと感じたことはないだろうか。ターゲットオーディエンスについてチームとしての明確な定義がなく、デザイナーたちが各々勝手に解釈し始めるようになると、デザインプロセスはどんどん困難なものになる。ユーザーペルソナは、あいまいな「ユーザー」のぼわっとしたニーズではなく、真のユーザーニーズに基づいたデザインの意思決定を可能にし、この課題を解決するツールだ。ユーザーペルソナは、ターゲットオーディエンスのうちの特定の集団を架空の設定で表現するものだが、その設定は実際に集計されたプロダクトやサービスのユーザーデータに基づいている［図1－5］。

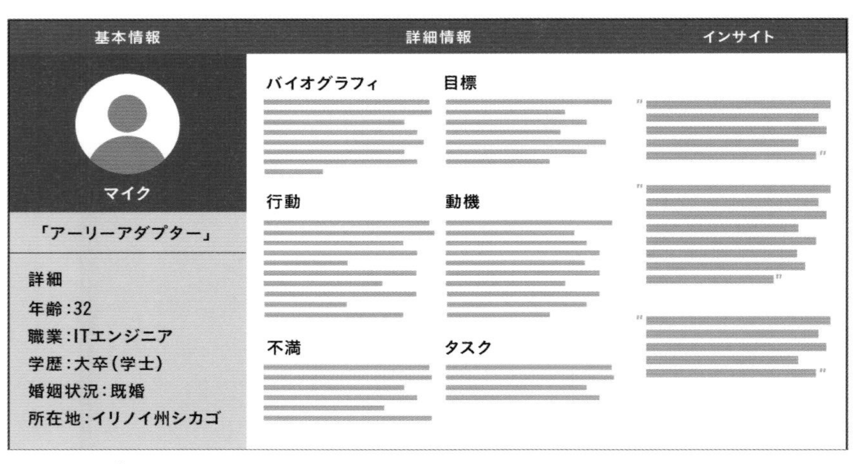

図1-5　ユーザーペルソナの例

ペルソナは、共感を育み、記憶を助ける。また、ユーザーの特徴的な個性、ニーズ、動機、行動について、チームが共有できるメンタルモデルを作り出す。ペルソナによって、チームにとってとてつもなく有益な参照フレーム*4が定義できる。この参照フレームがあれば、チームメンバーは、自分本位の思考の隘路から逃れてユーザーのニーズやゴールに集中できるようになり、新機能の優先順位を決められるようになる。

＊4　訳注：ここでは、チームがともに参照できる共通理解やものごとの見方を指す。

あなたが作っている機能やプロダクトに関連してペルソナの詳細を設定しておくと役に立つだろう。ペルソナには、およそ以下の項目が備わっていることが多い。

●基本情報（Info）

写真、覚えやすいタグライン[*5]、名前、年齢、職業などの項目はすべて、ペルソナの基本情報だ。基本情報の肝は、ターゲットオーディエンスの中のどのグループに属する人々なのかが、リアルに表現されていることだ。そのため、それぞれのデータは、グループ内の共通性が反映されていないといけない。

●詳細情報（Details）

詳細情報は共感を生み出し、デザインに影響する特徴に焦点をあわせるのを助けてくれる。バイオグラフィからは、ペルソナに深く立ち入ったストーリー（ナラティブ）を紡ぎ出せる。プロダクトに関係がありそうな行動の特徴やその人たちが抱えていそうな不満も詳細情報に含まれる。加えて、目標や動機、ユーザーがプロダクトや機能の力を借りることで実行したいタスクなどを含めてもよい。

●インサイト（Insights）

ユーザーの態度について、視点を与えてくれるのがインサイトだ。インサイトの狙いは、特定のペルソナやそのマインドセットをより深く理解するための文脈を加えることにある。ユーザーリサーチから直接引用することが多い。

---

*5　訳注：タグライン（tagline）とは、対象を「ひとこと」で言い表した言葉のこと。

重要な論点

同質化（Sameness）

あなたはこう思っているに違いない。もしすべてのウェブサイトやアプリが同じデザインの慣例に従ってしまうと、みんなつまらないものになってしまう。あらゆる状況に、それに対応した慣例がすでにある。そんな今日の状況を踏まえると、これは全く妥当な懸念だ。同質化の進行には、いくつかの理由がある。開発速度が向上するから。フレームワークが普及したから。成熟したデジタルプラットフォームが標準化を後押ししているから。戦略的に、こぞって競合と同質化しようとするから。単に創造性が欠如しているだけ、という場合もある。これら同質化の多くは、デザインの慣例に純粋に従っているまでだ。検索の配置場所、フッターでのナビゲーション、会計フローのステップのように、デザインの慣例に従ったパターンが存在するのには理由がある。

もしそうなっていなかった場合について考えてみよう。あなたが使ってきたすべてのウェブサイトやアプリで、レイアウト、ナビゲーション、スタイル、検索機能の場所など、何から何まで全くバラバラだとしよう。メンタルモデルの考え方によれば、これではユーザーは以前の経験に頼ることができない。ユーザーが目標へ一直線に向かう力は直ちに腰砕けになる。目の前のウェブサイトやアプリについて、一から学ばないといけないからだ。このような状態が理想的でないことは誰の目にも明らかだし、純粋な必然性によって慣例が生じてくるだろう。

完全に新しいものを作ることはどのような場合も不適切だ、と言いたいわけではない。いまこそイノベーションが求められている、というときもあるはずだ。しかし、デザイナーは、独創的である前に、ユーザーのニーズや文脈、それと技術的な制約を常に考えて最適な方法を選び抜かないといけない。そして、ユーザビリティを犠牲にしないように注意しないといけない。

結論

ヤコブの法則は、すべてのプロダクトや体験が完全一致していないといけない、という意味で同質化を提唱しているわけではない。むしろ、ユーザーが新たな体験を理解するためには過去の経験を活かす必要がある、ということをデザイナーが心に刻むための原理原則だ。ユーザーがウェブサイトやアプリのふるまいを学習するのに手間取らず、すぐにやりたいことに取り掛かれるようにする。そのためにデザイナーは、既存のメンタルモデルに関連した一般的な慣例を検討すべきだ。ヤコブの法則は、そう示唆している。ユーザーの期待に沿ったデザインにすることで、ユーザーはいままでの経験から得た知識を活かせるし、この慣れのおかげでユーザーは、欲しい情報を見つけ出す、商品を購入する、といった大事なことに集中できるようになる。

ヤコブの法則からわたしが助言できることとしては、まずは常にありふれたパターンや慣例から始め、その後、うまくいきそうなときだけ慣例から離れるのがよい、ということだ。核となるユーザー体験をよくするために慣例とは異なるものを作らざるを得ない、という思いが強くなれば、それこそが探究を始めるよい兆しだ。慣例から逸れた道を歩むのであれば、デザインをユーザーテストにかけて、ユーザーにふるまいが理解されるかを確かめよう。

CHAPTER 2

フィッツの法則

Fitts's Law

CHAPTER 2 *Fitts's Law*

フィッツの法則

ターゲットに至るまでの時間は、ターゲットの大きさと近さで決まる。

ポイント

- タッチターゲットには、ユーザーが正確に押せるために十分な大きさが必要だ。
- タッチターゲット同士は、十分な間隔が空いていなければいけない。
- タッチターゲットは、インターフェース内で、ユーザーが簡単に到達できる場所に置かれていなければいけない。

概要

ユーザビリティは、よいデザインであるための要だ。使いやすいということは、つまり、そのインターフェースがユーザーにとって一目瞭然でなければならない。インタラクションは、苦痛を伴わず、単刀直入で、ほとんど労力のかからないものでなければならない。ユーザーがタッチターゲットのような対象に到達するまでの時間は、ユーザビリティの重要な指標になる。重要なのは、インタラクション要素に適切な大きさと場所を与え、ユーザーが選択しやすいようにし、ユーザーの期待通りに選択できるようにすることだ。今日では様々な入力方法（マウスや指など）があり、それぞれ入力の精度も異なるので、課題はますます複雑になっている。

このような課題に取り組むには、フィッツの法則、つまり、ユーザーが対象に到達するのにかかる時間は対象の大きさと近さに反比例する、という法則が役立つ。要は、対象が大きくなればなるほど、対象を選択するまでの時間は短くなるということだ。また、選択のために動く距離が短くなれば、対象を選択するまでの時間もまた短くなる。その逆も然り。対象が小さく、そして遠くなればなるほど、正確に対象を選択するのに時間がかかる。本章では、この当たり前ともいえる概念が持つ意味が広範囲に及ぶことを説明していきたい。まずは事例から見ていこう。

起源

フィッツの法則の起源は、1954年まで遡る。アメリカの心理学者ポール・フィッツは、ターゲットとなる領域までの移動に要する時間は、ターゲットまでの距離と幅の関数となると予測した［図2-1］。フィッツの法則は、人の動きについての数理モデルの中でもっとも成功し影響を与えたモデルであり、人間工学やヒューマンコンピューターインタラクション[*1]の分野において、実空間や仮想空間におけるポインティングをモデル化するのに広く用いられている[*2]。

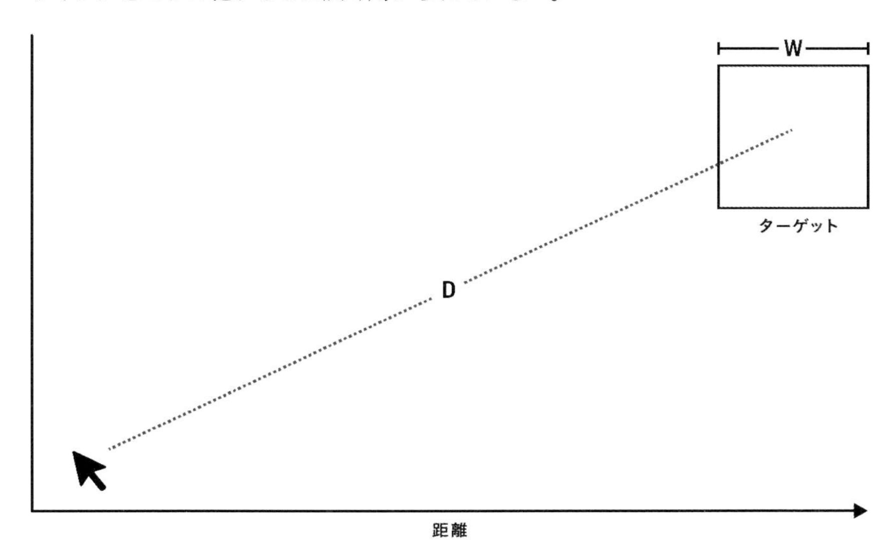

図2-1　フィッツの法則の図式

フィッツは、ターゲット選択の難易度を定量化するのに、S/N比[*3]におけるシグナルとノイズのように、ターゲットの中心までの距離(D)と、許容誤差もしくはターゲットの幅(W)を、変数とした**難易度指標**(ID: Index of Difficulty)を提案した。

$$\mathrm{ID} = \log_2\left(\frac{2D}{W}\right)$$

＊1　訳注：日本語版はhttps://ja.wikipedia.org/wiki/ヒューマンコンピュータインタラクション を参照。

＊2　原注：Paul M. Fitts, "The Information Capacity of the Human Motor System in Controlling the Amplitude of Movement," Journal of Experimental Psychology 47, no. 6 (1954): 381–91.

＊3　訳注：シグナル(**S**ignal)とノイズ(**N**oise)の比。信号雑音比ともいう。通信効率や伝送などの品質の指標に用いられ、S/N比が高いとノイズの影響が少ないことを示す。

重要な論点

タッチターゲット

フィッツの法則が物理空間における人の動きを理解するためのモデルとして確立されたのは、グラフィカルユーザーインターフェース（GUI）の発明より前だが、この法則は、デジタルインターフェースにおける動きにも適用できる。フィッツの法則には、3つの重要な学びがある。第一に、タッチターゲットは十分に大きくなければならない。ユーザーが容易に視認でき、正確に選択できるだけの大きさである必要がある。第二に、タッチターゲット同士に十分な間隔が必要だ。そして、タッチターゲットはインターフェース内でユーザーが簡単に到達できる場所に置かれていなければいけない。

当たり前だと思うかもしれないが、タッチターゲットの大きさは死活問題だ。タッチターゲットが小さすぎると、ユーザーがそれに到達するのに時間がかかりすぎてしまう。タッチターゲットの推奨サイズは三者三様だが［表2-1］、大きさが重要だと主張している点でどれも変わらない。

企業／組織	サイズ
ヒューマンインターフェースガイドライン（Apple）	44 × 44 pt
マテリアルデザインガイドライン（Google）	48 × 48 dp
ウェブコンテンツアクセシビリティガイドライン（WCAG）	44 × 44 CSS px
Nielsen Norman Group	1 × 1 cm

表2-1　タッチターゲットの推奨最小サイズ

注意してほしいのは、これらがあくまで「最小」の大きさであることだ。タップの正確さを求めなくてもよいように、可能な限り上記以上のサイズにしよう。タッチターゲットのサイズが適切であれば、要素を簡単に選択できるようになり、その結果、インターフェースが使いやすく感じられる。たとえ操作ミスをしなかったとしても、タッチターゲットが小さいだけで、使いづらいという印象を与えてしまう。

ユーザビリティに関してもう1つ、要素間の間隔について考えておきたい。間隔が小さすぎると、タッチターゲットの選択に失敗しやすくなる。MIT（マサチューセッツ工科大学）TouchLabが行った研究によれば、成人の指の腹の大きさは平均10〜

14mm、指先は平均8〜10mmだった[*4]。どうしてもタッチターゲットの外側に多少触れてしまうことになるため、他のタッチターゲットが近すぎるとそちらが誤って選択されてしまい、ユーザーはいらだちとともにユーザビリティの悪さを呪うことになる。タッチターゲットが近すぎることによる誤作動を減らすため、Googleのマテリアルデザインガイドラインでは、「タッチターゲットは要素の密度とユーザビリティのバランスを保つため、8 dp[*5]以上の余白を空けること」とされている。

大きさと間隔以外では、タッチターゲットの位置が、選択しやすさの鍵になる。タッチターゲットを画面上の指の届きづらいところに置くと、選択しづらくなる。画面上の指が届きづらい領域が、常に明確にここであると決まっているわけではない。ユーザーが置かれている文脈、ユーザーが使っているデバイスなどによって、領域は変わる。例えば、スマートフォンには様々な寸法の型があり、ユーザーは、タスクによって、あるいは手が塞がっているかどうかで持ち方を変える。デバイスを片手で持って、その手の指で選択しようとすると押しづらくなる領域がでてしまうが、反対の手で選択すれば、押しやすさは格段に上がる。片手で使う場合も含め、画面右下から左上に向かってタッチ精度が線形に上昇するわけではない。スティーブン・フーバーの研究[*6]によれば、人はスマートフォン画面の中心部を見たり触ったりすることが多く、それゆえ中心部がもっとも精度が高い領域となっている［図2-2］。デスクトップでは一般的に左上から右下に目を走らせるものだが、スマートフォンでは、画面中心部に焦点が寄りやすい。

---

*4　原注：Kiran Dandekar, Balasundar I. Raju, and Mandayam A. Srinivasan, "3-D Finite-Element Models of Human and Monkey Fingertips to Investigate the Mechanics of Tactile Sense," Journal of Biomechanical Engineering 125, no. 5 (2003): 682–91.

*5　訳注：density-independent pixels（密度非依存ピクセル）。

*6　Steven Hoober, "Design for Fingers, Touch, and People, Part 1," UXmatters, March 6, 2017, https://www.uxmatters.com/mt/archives/2017/03/design-for-fingers-touch-and-people-part-1.php.

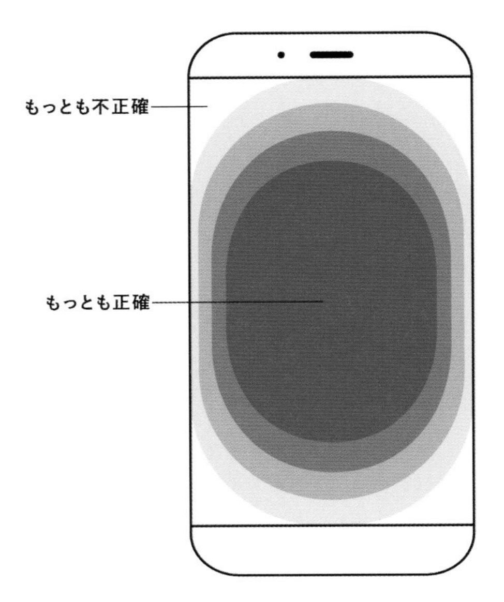

図2-2　スマートフォンでのタッチの正確性（スティーブン・フーバーの研究に基づく）

事例

様々なところでみられるフィッツの法則の事例として、フォームのテキストラベルから見ていこう。テキストラベル要素をインプット要素に関連づければ、ラベルをタップしたりクリックした場合も、インプット要素を選択したのと同じように機能する[図2-3]。この基本的な機能は、フォームインプットの表面積を効果的に拡げ、ユーザーは正確さを気にせず入力に専念できるようになる。これは実際、デスクトップとモバイルのユーザー、どちらにもうれしい体験だ。

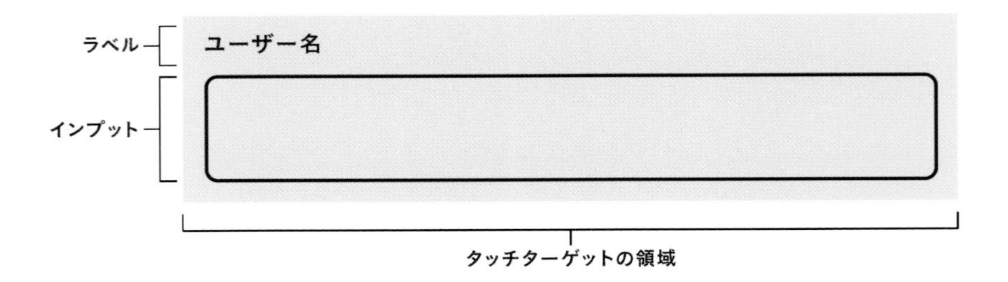

図2-3　テキストラベル要素とフォームインプット要素のタッチターゲットの領域

フォームの例を続けよう。フォームの送信ボタンのごくごく一般的な配置の仕方に、フィッツの法則を見ることができる。送信ボタンは通常、最後のフォームインプット要素の近くに置かれる[図2-4]。なぜなら、(フォーム入力のような)アクションの完了を目的としたボタンは、まさにいまとりかかっている要素の近くにあるべきだからだ。ここに置くことで、2つの入力要素が視覚的に関係しあっていることがわかりやすくなるだけでなく、最後のフォーム入力から送信ボタンまでの移動距離を最小にできる。

郵便番号 | 都道府県
160-0002 | 東京都
住所1 | 住所2
新宿区四谷坂町12–22 | VORT 1F
送信

図2-4　フォームの送信ボタンは、最後のフォームインプット要素の近くに置かれる

インタラクティブ要素同士の間隔も考えておきたい。例えば、LinkedInのiOSアプリのつながりリクエストを確認する画面を見てみよう[図2-5]。この画面では、「承認」と「非表示」のアクションがダイアログの右側に一緒に配置されている。正

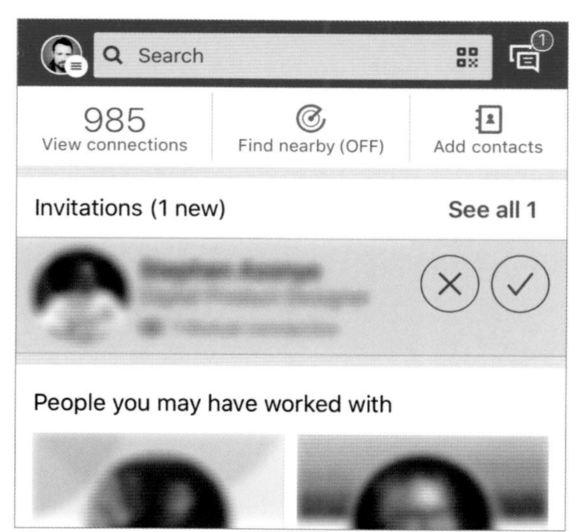

図2-5
アクション間に十分な間隔がないと、ユーザビリティが悪化する。
出典：LinkedIn、2019年

反対のアクションがかなり近接しているので、ユーザーは逆の選択をしないように特段の注意を払ってボタンを押さないといけない。実際わたしはいつも、親指で間違って「承認」を押さないように両手に持ちかえるようにしている。

スマートフォン、ラップトップ、デスクトップだけが、わたしたちが日々接するインターフェースというわけではない。例えば、多くの車で日々使われている車載インフォテインメント*7のシステムを例に挙げてみよう。Tesla Model 3は、ダッシュボードの部分に15インチディスプレイが埋め込まれているのが特徴的だ。車両のコントロールのほとんどをこの画面から行うが、操作時の触覚フィードバックは用意されていない。当然、画面を触っているときにはドライバーの注意は道路から画面へ移動している必要があり、したがって、フィッツの法則が特に重要になってくる。

Model 3では、フィッツの法則に従い、下部のナビゲーションバーの項目の間に、十分な間隔を設けている[図2-6]。これにより、うっかり隣のアクションを選択してしまうリスクを減らすことができる。

図2-6　項目同士に適切な間隔を設けることで、ユーザビリティは向上し、誤ったアクション選択を最小限に抑えられる。出典：Tesla、2019年

先ほどタッチターゲットをインターフェース上の手の届きづらい領域に配置すると選択が難しくなる、という話をした。iPhone 6とiPhone 6 Plusにおいて、Appleは片手での使いづらさを軽減する機能を導入した。**簡易アクセス**と呼ばれるこの機能は、簡単なジェスチャーだけで画面の要素をすばやく画面上部から画面下半分へ持ってくることができる[図2-7]。こうすれば、片手で操作しづらかった画面の部分も、簡単にアクセスできるようになる。

---

*7　訳注：インフォメーションとエンターテインメントを合わせた造語で、車両に搭載された、カーナビゲーションなどの情報提供とカーオーディオなどの娯楽提供を行う機器のこと。

図2-7　iPhoneの簡易アクセス機能によって、画面上部の要素にも簡単に指が届くようになった。
出典：Apple、2019年

結論

デザイナーの重要な責務は、自身が作り出したインターフェースによって人間の能力や体験を引き出すことであって、邪魔したり抑え込んだりすることではない。モバイルインターフェースでは、画面の中でタッチできる範囲が限られているため、とりわけフィッツの法則が重要になる。ユーザーがインタラクティブ要素を簡単に選択できるようにするために、十分な大きさによって見やすく、正確に選択できるようにし、隣り合うアクションと十分な間隔を取ることで誤操作を防ぎ、インターフェース内で選択しやすい場所に置く、ということが重要である。

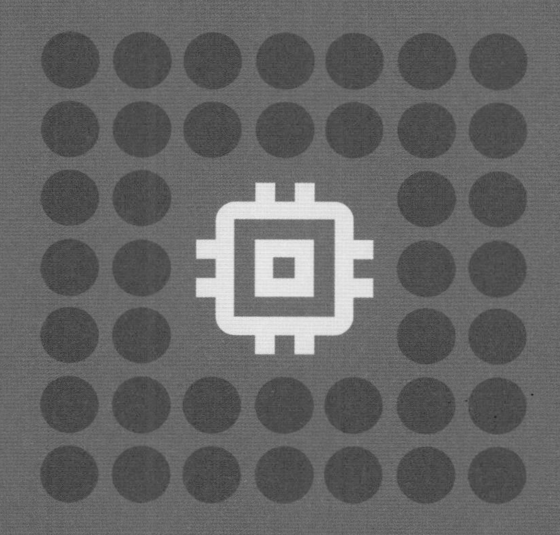

CHAPTER 3

ヒックの法則

Hick's Law

CHAPTER 3 *Hick's Law*

ヒックの法則

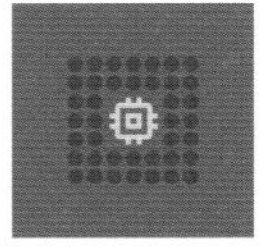

意思決定にかかる時間は、とりうる選択肢の数と複雑さで決まる。

ポイント

- 応答に時間がかかって意思決定が遅くなっているときは、選択肢を最小限にまで減らそう。
- タスクが複雑なら、小さなステップに分解して認知負荷を減らそう。
- ユーザーが情報量に圧倒されないように、おすすめの選択肢を目立たせよう。
- 段階的なオンボーディング[*1]を採用し、新規ユーザーの認知負荷を最小限にしよう。
- 単純化によって抽象的になりすぎないよう注意しよう。

概要

デザイナーの大事な役割は、プロダクトやサービスを使うユーザーが情報量に圧倒されないように、情報を統合して見せることだ。冗長さと過剰さが混乱を引き起こすのを、デザイナーはほとんど本能的に理解している。混乱が引き起こされると、直感的に使えるプロダクトやサービスにはならない。わたしたちデザイナーが実現したいのは、混乱ではなく、人々がすばやく簡単に目標を達成できることだ。使う人の目的や制約を完全に理解できていないと、混乱を招きかねない。言うなればデザイナーの目標は、ユーザーが達成したいことを理解し、達成にプラスにならないことを排除することだ。デザイナーの営みとは要するに、効率と優雅さの視点で複雑なものを単純にすることだ。

---

*1　訳注：プロダクトやサービスをなめらかに利用し始めてもらうための導入プロセスのこと。オンボーディングのプロセスによって、サービスの価値や機能の説明、操作方法の練習など、効果的な利用の支援を行うことで、はじめにプロダクトやサービスへの肯定的な印象を持ってもらう。

　インターフェース上にあまりにも多くの選択肢があると、効率も優雅さも失われてしまう。このような失態は、プロダクトやサービスを作った人がユーザーのニーズをきちんと理解できていないことのしるしだ。複雑さは、インターフェースに限った話ではない。プロセスも複雑になりうる。わかりやすく目に入る行動喚起要素（CTA：call to action）がない、情報設計が曖昧、ステップに無駄がある、選択肢が多すぎる、情報を盛り込みすぎる……、これらすべてが、タスクを実行しようとするユーザーの妨げになる。

　これらの事象はヒックの法則に直接関係している。ヒックの法則は、とりうる選択肢の数と複雑さによって意思決定にかかる時間が増えることを予測する。この法則は、意思決定の基本的な原理であるだけでなく、デザイナーが作り出すユーザーインターフェースを人がどのように認識し処理するか、ということにおいても特に重要だ。この原理がどのようにデザインに関係しているのかを考える前に、まずはその起源を見てみよう。

起源

　ヒックの法則は、心理学者のウィリアム・エドモンド・ヒックとレイ・ハイマンによって、1952年に定式化された。彼らは、提示される刺激の数と、その中のどれかに反応するまでの時間の関係を実験していた。彼らが発見したのは、とりうる選択肢の数を増やすと、対数関数的に意思決定までの時間が増加するということだ。つまり、人はより多くの選択肢を与えられるほど、決断するのに時間がかかる。この関係性を示す公式がある。

$$\mathrm{RT} = a + b \log_2 (n)$$

　この公式は、提示された刺激の数（n）と測定可能な2つの任意定数（a, b）から、応答時間（RT）を求める［図3-1］。

　この公式の背後にある数理を理解していなくても、幸い意味するところはわかる。デザインに適用してみれば至極単純な話で、ユーザーがインターフェースとやり取りするのにかかる時間は、とりうる選択肢の数と相関する。ごちゃついたインターフェースは、ユーザーの意思決定にかかる時間を長引かせる、ということだ。なぜなら、ユーザーはまず、とりうる選択肢のうち、どれが自分の目標と関係しているのかを処理しないといけなくなるからだ。インターフェースが混雑しすぎていたり、アクションが曖昧で識別しづらかったり、重要な情報が見つけづらかったりすると、脳の大部分が探しものを見つけるのに使われてしまう。これが、ヒックの法則の鍵となる概念である認知負荷につながっている。

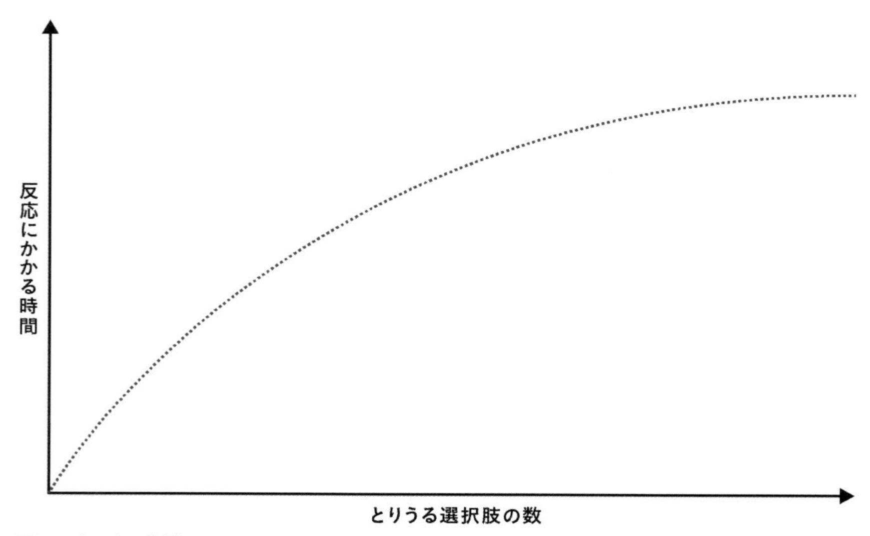

図3-1　ヒックの法則

心理学上の概念

認知負荷（Cognitive Load）

デジタルのプロダクトやサービスに接したユーザーは、まずそれがどう動くのかを理解し、そして、求める情報をどう探すかを決めなければならない。ナビゲーションの使い方を理解し（場合によってはナビゲーション自体がどこにあるかを見つけるところからだ）、画面構成を把握し、UI要素を操作し、フォームに入力する、という行為のすべてにメンタルリソースが求められる。しかもその間ずっと、「そもそも何をしたかったのか」を覚えておく必要がある。これは、インターフェースの使いやすさという意味では、かなりの難事だ。このインターフェースの理解とインタラクションにかかるメンタルリソースの総量を**認知負荷**と呼んでいる。

認知負荷については、スマートフォンやラップトップのメモリにたとえるとわかりやすいだろう。アプリケーションを起動しすぎると電池の減りが早くなり、動作が遅くなり、最悪の場合、落ちる。使える処理能力の総量がパフォーマンスを決めており、この処理能力の総量は、有限なリソースであるメモリに依存している。

わたしたちの脳の働きも同様だ。入ってくる情報の総量が使用可能な容量を超過すると、精神的に持ち堪えるのに必死になる。タスクはやりづらくなり、細部を見落とすようになり、いっぱいいっぱいだと感じるようになる。わたしたちのワーキングメモリ、つまり、やろうとしているタスクに関連する情報を格納するバッファスペース[図3-2]には、情報を格納するための決められた数のスロットがある。もし、やろうとしているタスクが、空きスペースよりも多くを必要とする場合、この新しい情報を格納するためにワーキングメモリの情報が失われ始める。

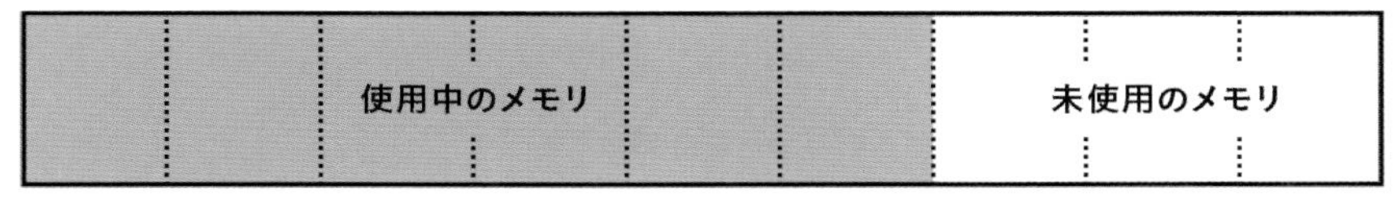

図3-2　ワーキングメモリバッファ

この失われた情報が、実行しようとしているタスクに欠かせないものであったり、探している情報に関連するものである場合には、問題が生じる。タスクがやりづらくなり、ユーザーは圧倒され、しまいにはイライラやタスクをあきらめる原因になる。どちらもユーザー体験が悪化している症状だ。

事例

ヒックの法則と認知負荷を理解したところで、この原理が現れているいくつかの事例を見ていこう。ヒックの法則の事例はあちこちで見ることができるが、まずはもっとも一般的なものから始めよう。リモコンだ。

過去数十年にわたり、テレビの機能が増えるにつれ、リモコンに搭載される機能の数も増え続けてきた。今日のリモコンは、繰り返し使うことによって鍛えあげられる強靭な記憶力か、著しい情報処理能力が必要とされるほど、複雑な使い方になってしまった。これにより、「おじいちゃんおばあちゃんにもやさしいリモコン」なる事象が生じる。孫たちは最低限必要なボタン以外をテープで覆い隠すことで、おじいちゃんおばあちゃん向けにユーザビリティを改善し、しかもそれをオンラインで共有してくれている［図3-3］。

図3-3　テレビリモコンをシンプルな「インターフェース」に改造した事例。出典：Sam WellerのTwitter、2015年（左）、Luke HannonのTwitter、2016年（右）

スマートテレビのリモコンは、テレビのリモコンとは対照的だ。兄の失敗を見て育った弟のように、絶対に必要な操作だけに単純化している［図3-4］。多量のワーキングメモリを必要とせず、認知負荷が小さいリモコンになっている。複雑さはテレビのインターフェースに移されていて、そこでは効果的に情報が整理され、情報はメニューで段階的に表示されるようになっている。

図3-4　スマートテレビのリモコンは、絶対に必要な操作だけに単純化されている。出典：Digital Trends、2018年

アナログなヒックの法則を見てきたところで、次は、デジタルにおける事例を見ていこう。前述の通り、とりうる選択肢の数は、意思決定にかかる時間に直結する。とりうる選択肢すべてを常に提示するのではなく、適切なタイミングで適切な選択肢を提示すれば、よりよいユーザー体験となる。優れた事例としてGoogle検索がある。Google検索には、検索を実行した後にだけ、タイプ別(すべて、画像、動画、ニュースなど)に結果をフィルタリングする機能が提供されている[図3-5]。こうすることで、ユーザーは出だしでの意思決定でいっぱいいっぱいにならず、そのときそのときのタスクに集中し続けられるようになる。

図3-5　Googleは、検索のはじめのタスクを単純化し（左）、結果をフィルタする機能を検索後にだけ提供している（右）。出典：Google、2020年

ヒックの法則の事例をもう1つ見てみよう。オンボーディングは新規ユーザーにとって不可欠なプロセスだが、失敗しやすいことでも有名だ。Slackほどオンボーディングをうまくやってのけているところはないだろう[図3-6]。数枚の説明スライドを見せただけでユーザーを機能の大海に放りだすのではなく、ボット(Slackbot)がユーザーを接客しメッセージ機能を無理なく学習するように促す。ユーザーが「うわっ」と感じることのないように、メッセージ入力以外の機能は表示されていない。Slackbotのメッセージでユーザーが学習し終えてから、段階的に追加機能の説明が始まる。

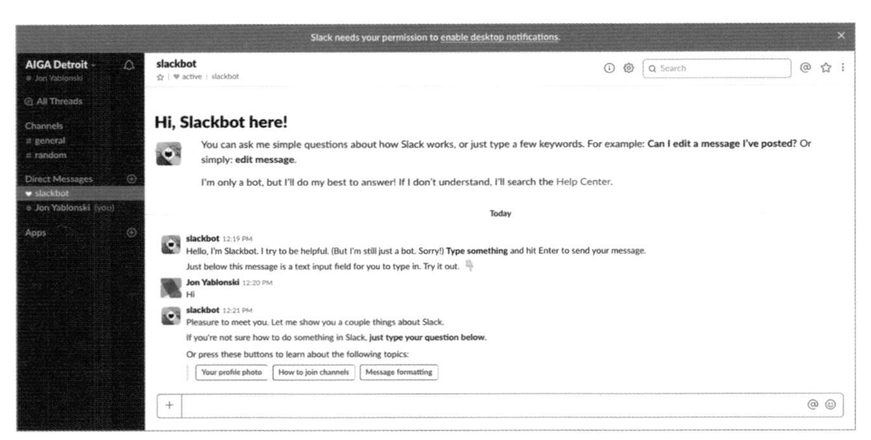

図3-6 Slackの段階的なオンボーディング体験。出典：Slack、2019年

このようなオンボーディングの仕方が有効なのは、わたしたちの実際の学習プロセスを模倣できているからだ。わたしたちは階段を一段一段のぼるように、既に知っていることに加えるかたちで学習を積み重ねていく。適切なタイミングで機能を提示していけば、ユーザーは複雑なワークフローや機能群にも圧倒されずに適応していける。

テクニック

カードソート

事例で見てきたように、選択肢の数は、意思決定にかかる時間に決定的な影響を及ぼす。ユーザーが求める情報を見つけられるようにしたいなら、選択肢の数は特に重要になってくる。項目が多すぎる、とりわけ選択肢が明確でない場合は、過大な認知負荷がかかるだろう。逆に選択肢が少なすぎれば、どの項目を選べば自身が探している情報にたどりつけるのか識別するのが難しくなる。情報設計のされ方についてユーザーの期待を見極める有効な手法の1つに、**カードソート**がある。情報設計の分野で使われる便利な手法で、メンタルモデルに従った項目整理の仕方を見つけるのに最適だ。やり方は簡単で、ただ参加者に、トピックを自分にとって意味のあるグループに整理してもらうだけだ[図3-7]。

カテゴリー1	カテゴリー2	カテゴリー3	カテゴリー4
トピック名	トピック名	トピック名	トピック名
トピック名	トピック名	トピック名	トピック名
トピック名	トピック名	トピック名	トピック名
トピック名	トピック名	トピック名	トピック名
トピック名	トピック名	トピック名	トピック名
トピック名	トピック名	トピック名	トピック名
トピック名		トピック名	トピック名
トピック名		トピック名	
トピック名		トピック名	
		トピック名	

図3-7　カードソート

手順は簡単だ。カードソートの手法にはいくつかの種類があるものの（決められたカテゴリーに整理するのか（クローズド）、自由にグループ分けできるのか（オープン）、モデレーターがいるかいないか）、どの場合でも同じ標準プロセスに従っている。ここでは、ごく一般的なカードソートのやり方である「モデレーターありのオープンカードソート」におけるステップを示そう*2。

*2　原注：クローズドカードソート演習の場合、主催者によってあらかじめカテゴリーが定義されている。

1. トピックを出す。まずはじめに、参加者に整理してもらうトピックを洗い出そう。トピックとは、情報設計の対象となる主要なコンテンツを表現したもので、1つの項目を1枚のカードに書く（「書く」といっても、ワークショップはデジタルツールでやってもいい）。複数のトピックに同じ語句を用いて表現してしまうと、その語句にひっぱられた参加者がそれらを同じグループに分類してしまいやすくなるので、なるべく別の語句を使おう*3。

2. トピックを整理する。次に、参加者にトピックを1つずつ整理してもらい、参加者が納得のいくグループに分けてもらう。この際、考えていることを口に出してもらうのが一般的だ。こうすることで、思考プロセスに価値ある洞察がもたらされる。

3. カテゴリーを命名する。トピックをグループ分けしたら、参加者に、それぞれのグループをもっともよく説明できていると思う名前をつけてもらおう。こうすることで、参加者のメンタルモデルが明らかになり、最終的に情報設計におけるカテゴリーにどんなラベルをつけるかが決まる。とりわけ大事なステップだ。

4. 参加者が報告する（任意）。このワークショップの最後に、参加者からそのグループにした理由を説明してもらってもよい。参加者は意思決定の理由を打ち明けてくれるし、何に難しさを感じたのか、整理できてないトピックについてどういう考えを持っているのかを知ることができる。

---

*3　原注：Jakob Nielsen, “Card Sorting: Pushing Users Beyond Terminology Matches,” Nielsen Norman Group, August 23, 2009, https://www.nngroup.com/articles/card-sorting-terminology-matches.

重要な論点

単純化しすぎ（Oversimplification）

これまで見てきたように、インターフェースやプロセスを単純化できれば、認知負荷を減らし、タスクを完遂し、目的を達成しやすくなる。しかし、単純化がユーザー体験にもたらす負の影響も考えておかねばならない。単純化によって抽象的になりすぎると、もはやどんなアクションが実行できるのか、次に何をすればいいのか、どこにどんな情報があるのかがわからなくなってしまう。

この事例としてよくあるのは、何ができるのかを伝えるためにアイコンを使うケースである［図3-8］。アイコンにはたくさんの利点がある。アイコンを使えば、視覚的に興味を惹くことができ、スペースも節約できる。タップやクリックをしやすくなるし、普遍的な意味を押さえられていれば認識をしやすくなる。だが、アイコンの意味が完全に普遍的であることはそうそうなく、人によって解釈が異なってしまうことが多い。これは問題だ。アイコンだけで情報を伝達しようとすると、インターフェースを単純にできるものの、タスクの実行や情報発見が難しくなりかねない。知識や経験の少ないユーザーは、すぐにアイコンの意味を認識できない。

図3-8　FacebookのiOSアプリのタブバー。出典：Facebook、2019年

アイコンがややこしいもう1つの要因は、似たようなアイコンが別のプロダクトやサービスでは異なるアクションや情報を表すことがあるということだ。ときには、全く逆の意味で用いられていることもある。アイコンには、ウェブサイトやアプリでの使用方法を定める標準化団体などなく、デザイナーたちに判断が委ねられているのが現状だ。あるアイコンが何の形に見えるかが人によって異なるだけならまだしも、同じアイコンが別のアクションを表すことさえあるとしたらどうなってしまうのだろうか。標準化がなされていないがゆえに、アイコンに付与されている機能は、プロダクトやサービスによって全く別物になる可能性がある。例えば、「ハー

ト」や「星」のアイコンを見てみよう。これらのアイコンは通常、お気に入りや「いいね！」、ブックマーク、評価などの機能を表しているが、単におすすめを意味しているだけの場合もある。プロダクトやサービスによって意味や機能が異なるだけでなく、意味や機能が競合することすらある。アイコンの意味を正確に解釈しづらくなれば当然、混乱と認知負荷の増大を招く。文脈に沿った手がかりがあれば、どの選択肢が実行でき、どの選択肢が自分に関わりがあるかを見分けられる。

アイコンについていえば、アイコンにテキストラベルを付与するだけで意味が明確になり、見つけやすさと認識しやすさの双方が促されることが研究でわかっている。この学びは、ナビゲーションのような重要な要素にアイコンを使う場合、とりわけ重要だ［図3-9］。テキストラベルの付与によって情報が追加され、抽象的なアイコンのみよりも意味が伝わりやすくなり、ユーザビリティが向上する。

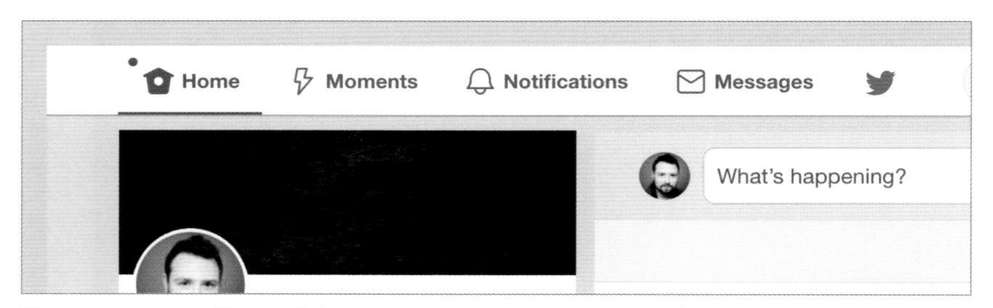

図3-9　Twitterウェブ版のナビゲーションアイコンにはテキストラベルが付与されている。出典：Twitter、2019年

結論

ヒックの法則はUXデザインの鍵となる概念だ。わたしたちが行うすべてのことの根底には、ヒックの法則がある。インターフェースが混雑していたり、アクションが不明確で識別しづらかったり、重要な情報が見つけづらかったりすると、ユーザーには認知負荷が重くのしかかる。インターフェースやプロセスを単純化すれば、精神的な負担を減らすことはできるが、とりうる選択肢を見分け、提示された情報が実行したいタスクと関連するかどうかを判断するための文脈上の手がかりを付与しておく必要がある。商品を購入したいのか、何かを理解したいのか、単にコンテンツを詳しく知りたいのか。肝に銘じておくべきは、どのユーザーにも目標があるということだ。わたしは、ユーザーの目標の達成に役に立たない要素を減らし取り除くプロセスが、デザインプロセスにおいて何より重要だと感じている。目標達成について考えなくてすむほうが、ユーザーが目標達成する可能性は高くなる。

認知負荷の説明の中で、UXデザインにおいて記憶が果たす役割について触れた。次は、ミラーの法則で記憶の重要性についてさらに掘り下げていく。

CHAPTER 4
ミラーの法則
Millar's Law

CHAPTER *Millar's Law*

4 ミラーの法則

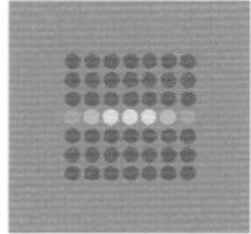

普通の人が短期記憶に保持できるのは、7(±2)個まで。

ポイント

- 「マジカルナンバー7」の数字に惑わされて無用なデザイン制約を作ってはいけない。
- コンテンツを小さなチャンク(かたまり)に分けることで、ユーザーがその情報を扱い、理解し、記憶しやすくできる。
- 短期記憶の容量は、個々人が持っている知識や状況、文脈によって大きく幅があることを覚えておこう。

概要

「マジカルナンバー7」で有名なミラーの法則を聞いたことがあるデザイナーは多いだろう。だが、あなたの理解はおそらく正しくない。この経験則はしばしば誤解されており、「ナビゲーションの項目数は7つ以下に制限しなければならない」というように、デザイン上の意思決定を正当化するためによく引き合いに出される。もちろん、ユーザーに提示する選択肢の数を制限することに価値はあるが(第3章を参照)、ミラーの法則をそのような教えとして理解するのは間違っている。この章では、ミラーの「マジカルナンバー7」の起源と、ミラーの法則がUXデザイナーに提供する真の価値を探ってみよう。

起源

ミラーの法則は、認知心理学者のジョージ・ミラーが1956年に発表した「不思議な数"7"、プラス・マイナス2：人間の情報処理容量のある種の限界」という論文[*1]に由来している。ハーバード大学の心理学教授だったミラーは、この論文の中で、一次元の刺激の絶対判断[*2]の限界と短期記憶の限界が一致することについて論じている。ミラーは、若者の記憶範囲は、刺激に含まれる情報量の大小に関係なく、およそ7つまでに制限されることを実験により見出した。このことから、情報の基本単位であるビット数よりも、情報のチャンク(かたまり)の数こそが、記憶範囲に影響を与えるという結論に至った。認知心理学でいう「チャンク」とは、基本的かつ馴染みのある単位でグルーピングされ、記憶されているかたまりを意味する。

ミラーの論文は、平均的な人間の短期記憶に保持できる対象の数が7±2個であると述べているように解釈されることが多いが、ミラー自身は「マジカルナンバー7」という表現を修辞的に使っただけであり、その解釈の誤りの多さに驚いたという。その後の短期記憶とワーキングメモリの研究で、記憶範囲は「チャンク」単位で測定しても一定ではないことが明らかになっている。

＊1　原注：George A. Miller, "The Magical Number Seven, Plus or Minus Two: Some Limits on Our Capacity for Processing Information," Psychological Review 63, no. 2 (1956): 81–97. 訳注：G. A.ミラー著、高田洋一郎訳（1972）「不思議な数"7"、プラス・マイナス2：人間の情報処理容量のある種の限界」、G. A. ミラー著、高田洋一郎訳『心理学への情報科学的アプローチ』培風館、pp. 13-44

＊2　訳注：人が与えられた刺激の様々な側面の大きさを、どの程度正確に数で表すことができるかを調べる実験を「絶対判断の実験」と呼ぶ。ミラーの論文で紹介されているのは、例えば「高さ」という1つの尺度（＝1次元）が異なる音をいくつか刺激として与えられ、それぞれの音をあらかじめ割り当てられた番号で答えるといった実験である。そこでは、刺激の種類（音の高さのパターン）が4つまでならほとんど誤りはないが、5つ以上になると混同が起きるようになり、被験者が混同なく区別できるのは概ね6つまでが上限であった。他の種類の刺激を用いた実験でも、だいたい5から10程度の範囲に収まるということが述べられている。（ミラー、前掲書）

心理学上の概念

チャンク化

短期記憶と記憶範囲に対するミラーの興味の中心は、7という数字ではなく、チャンク化の概念とそれに対応して情報を記憶するわたしたちの能力にあった。彼が発見したことは、チャンク（かたまり）自体の大きさは重要ではなく、7つの単語は7つの文字と同じくらい簡単に短期記憶に保持されるということである。ある個人が保持できるチャンクの数は様々な要因（文脈、内容へのなじみ度合い、特定の能力）によって変化するが、学ぶべきポイントは変わらない。人間の短期記憶力は限られており、チャンク化することで情報をより効果的に保持できるということである。

チャンク化をUXデザインに適用すると、コンテンツの扱い方についての非常に有益な学びが得られる。デザインを通じてコンテンツをチャンク化することで、効果的に理解しやすいものになる。ユーザーはコンテンツをさっと流し読みし、自分の目的に合った情報を見つけ、それを使ってより早く目的を達成できるようになる。コンテンツを視覚的に明確な階層を持つグループに構造化することで、人々がデジタルコンテンツを評価したり処理したりする流れに沿って、情報を提示できる。次に、これを実現するためのいくつかの方法を見てみよう。

事例

チャンク化の最も単純な例は、電話番号の書式だ。チャンク化しなければ、電話番号はただの長い（7つを大幅に超える）数字の羅列であり、読んだり覚えたりするのが難しくなってしまう。整形された（チャンク化された）電話番号は、読むのも覚えるのもはるかに簡単だ[図4-1]。

4408675309	(440) 867-5309

図4-1　チャンク化していない／している電話番号（米国）

もう少し複雑な例を見てみよう。ウェブを閲覧していると、「文字の壁（wall of text）」[図4-2]と呼ばれる恐ろしいコンテンツに直面する。階層性や書式が全くなく、適切な行数をはるかに超えた長さの文章だ。これは、先ほどの整形されていない電話番号をさらに大規模にした例といえる。このようなコンテンツは、流し読みでは理解するのが難しく、ユーザーの認知負荷を高めてしまう。

A wall of text is an excessively long post to a noticeboard or talk page discussion, which can often be so long that some don't read it. Some walls of text are intentionally disruptive, such as when an editor attempts to overwhelm a discussion with a mass of irrelevant kilobytes. Other walls are due to lack of awareness of good practices, such as when an editor tries to cram every one of their cogent points into a single comprehensive response that is roughly the length of a short novel. Not all long posts are walls of text; some can be nuanced and thoughtful. Just remember: the longer it is, the less of it people will read. The chunk-o'text defense (COTD) is an alleged wikilawyering strategy whereby an editor accused of wrongdoing defends their actions with a giant chunk of text that contains so many diffs, assertions, examples, and allegations as to be virtually unanswerable. However, an equal-but-opposite questionable strategy is dismissal of legitimate evidence and valid rationales with a claim of "text-walling" or "TL;DR". Not every matter can be addressed with a one-

図4-2 「文字の壁（Wall of text）」の例。出典：Wikipedia、2019年

この例を、書式設定や階層構造、適切な行数が適用されたコンテンツと比較すると、その違いは一目瞭然だ。[図4-3]は、同じコンテンツの改良版である。見出しと小見出しを追加して階層性を持たせ、余白を使ってコンテンツを識別可能なセクションに分割し、一行の長さを短くして可読性を向上させた。また、リンクには下線を引き、キーワードは周囲のテキストと対比させるため強調表示した。

Wall of Text

A wall of text is an excessively long post to a noticeboard or talk page discussion, which can often be so long that some don't read it.

Types

Some walls of text are intentionally disruptive, such as when an editor attempts to overwhelm a discussion with a mass of irrelevant kilobytes. Other walls are due to lack of awareness of good practices, such as when an editor tries to cram every one of their cogent points into a single comprehensive response that is roughly the length of a short novel. Not all long posts are walls of text; some can be nuanced and thoughtful.

Just remember: the longer it is, the less of it people will read.

図4-3 「文字の壁」の改良版（階層構造、書式設定、適切な行の長さ）。出典：Wikipedia、2019年

次に、より広い文脈でチャンク化がどのように応用されているかを見てみよう。チャンク化が役立つのは、コンテンツ内の関係性をユーザーに理解してもらいやすくするために、コンテンツを特徴的なモジュールごとにまとめたり、ルールに従って分割したり、階層化したりする場合だ[図4-4]。特に情報量の多いサイト体験では、チャンク化を活用してコンテンツに構造を持たせられる。その結果、視覚的に見やすくなるだけでなく、流し読みもしやすくなる。最新の見出しから読むべき記事を知りたいユーザーは、ページをざっと流し見するだけで判断できるようになる。

図4-4　情報量が多いサイトにチャンク化を応用した例。出典：Bloomberg、2018年

チャンク化は、情報量の多いサイト体験に秩序をもたらすためにとても有用だが、他の様々な場面でも見られる。例えば、Nike.com[図4-5]のようなECサイトでは、各製品に紐付く情報をグルーピングするためにチャンク化を使っている。商品画

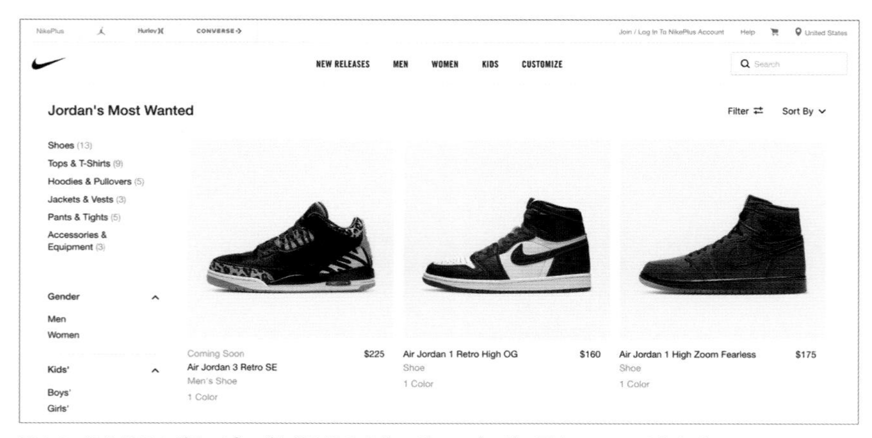

図4-5　製品情報のグルーピングと絞り込み条件のグルーピングの両方にチャンク化を利用しているECサイト。出典：Nike.com、2019年

像・商品名・価格・商品カテゴリ・カラーバリエーションという要素は、背景や枠線などでまとめられていないものの、互いに近接していることで視覚的にチャンク化されている。また、Nike.comでは左サイドバーの絞り込み条件をグルーピングするのにもチャンク化を活用している。

これらの例から、チャンク化を利用すれば、コンテンツを視覚的に整理して理解しやすくできるということがわかる。チャンク化によって、ユーザーが情報の関係性や階層構造を理解しやすくなる。チャンク化とは、一度に表示すべき項目の数やグループ内で表示する項目の数に特定の制限を設けることではない。単に、重要な情報を素早く識別しやすくするためのコンテンツの整理方法なのだ。

重要な論点

マジカルナンバー7

ミラーの法則は、「短期記憶装置に一度に記憶して処理できる項目の数には明確な限界（7±2）があるので、関連するインターフェース要素の数はこの範囲に制限すべき」という意味だと誤解されることがある。この法則が誤って引用されている典型例としては、ナビゲーションリンクのような互いに近接する要素の例が挙げられる。過去に、ミラーの法則を引き合いに出して「ナビゲーションリンクは7つに制限しなければならない」いう話を聞いたことがある人もいるだろう。実際には、ナビゲーションメニューのようなデザインパターンは、選択肢が常に目に見えていてユーザーが項目を覚える必要がないので、これらのリンク数を制限してもユーザビリティ上のメリットはない。メニューが効果的に設計されている限り、ユーザーは自分の目的さえ覚えておけば目当てのリンクを素早く識別できる。

再びNike.comに戻って、プライマリーナビゲーションメニュー［図4-6］を見てみよう。一見してわかるように、ナビゲーションリンクの数は7つをはるかに超えているが、明確なカテゴリ分けと、サブグループを分割するための余白と縦線があるおかげで、リストを流し見するのは難しくない。

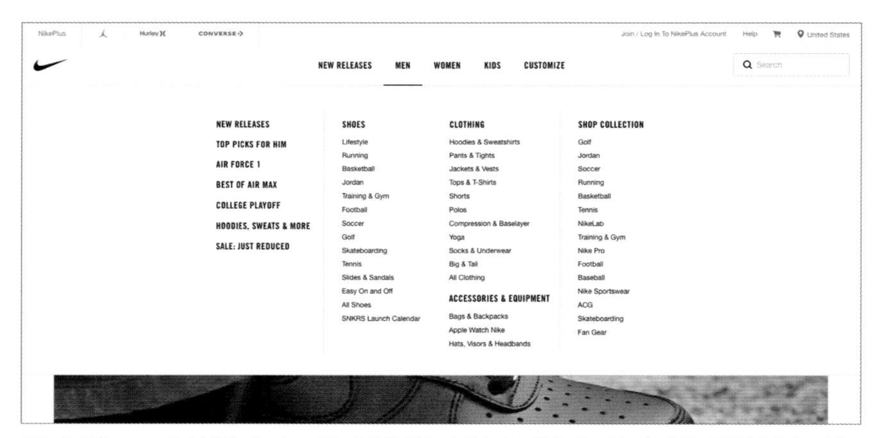

図4-6　Nike.comのナビゲーション。リンクの数が7つをはるかに超えていてもパッと見で把握できる。出典：Nike.com、2019年

ミラーの発見の中心は、制約のある短期記憶を最大限有効利用するために、情報の断片をいかに意味のあるチャンクに整理するかということである。保存できるチャンク数の実際の上限は、その情報に関する個々人の前提知識によって異なっており、平均的な上限はミラーの研究結果より低いことを示唆する研究もある。

結論

わたしたちを取り巻く膨大な情報量は指数関数的に増加しているが、わたしたち人間がその情報を処理するために使える心のリソースには限界がある。そのためどうしても過負荷が発生してしまい、タスクを完遂する能力に直接影響を与えることになる。ミラーの法則では、チャンク化を使ってコンテンツをより小さなクラスターに整理することで、ユーザーが処理しやすく、理解しやすく、記憶しやすいようにする方法を教えてくれる。

CHAPTER 5

ポステルの法則

Postel's Law

CHAPTER *Postel's Law*

5 ポステルの法則

出力は厳密に、入力には寛容に。

ポイント

- ユーザーがとりうるアクションや、入力しうる情報すべてに対して理解を示し、柔軟に対応し、寛容であろう。
- 信頼性高くアクセス可能なインターフェースを提供しながら、入力、アクセス、および機能の面で実際に起こりうるあらゆることを予測しよう。
- 予測・対応できることが多ければ多いほど、デザインはより柔軟になる。
- ユーザーからの多様な入力を受け入れ、それを要件に合わせて変換し、入力の境界線を定義し、ユーザーに明確なフィードバックを提供しよう。

概要

ユーザーにとって良い体験をデザインするということは、**人間にとって**良い体験をデザインするということだ。人間は機械のようにふるまうわけではない。わたしたちは、自分が接するプロダクトやサービスが自分のことを直感的に理解してくれていて、寛容であることを期待している。また、常に自分がコントロールできていると感じたがり、必要以上の情報を求められるとイライラしてしまう。一方で、わたしたちが使用するデバイスやソフトウェアは、サポートしている機能も、性能も、大きさや形も大きく異なる。だからデザイナーは、ユーザーの期待に応えるために、堅牢で適応性の高いプロダクトやサービスを構築しなければならない。ロバストネス（堅牢性）の原則としても知られるポステルの法則は、規模と複雑さの両方を考慮して人間中心の体験設計をするための原理原則を教えてくれる。

ポステルの法則の前半部分は「出力するものに関しては厳密に」と言っている。デザインの文脈でこれを解釈すると、インターフェースであれ、システム全体であれ、プロダクトやサービスが提供する出力は、信頼性が高く、誰でもアクセス可能でなければならないという要求になる。これは、デジタルプロダクトやサービスにおいては特に重要である。なぜなら、デジタルインターフェースは単に使いやすいだけではだめで、可能な限り多くのユーザーにとって使いやすくなければならないからだ。つまり、デバイスのサイズ、サポートする機能、入力方法、補助技術、あるいは接続速度に関係なく、誰でも使えるものを提供しなければならないのだ。

法則の後半では「他者から入力されるものに関しては寛容に」と言っている。デザインの文脈では、あらゆる入力方法、あらゆる可能な形式でのユーザーからの入力を受け入れようということだ。これは、マウスとキーボード（またはキーボードのみ）、アシスタント機能、モバイルユーザーのタッチやジェスチャー入力、さらには様々な言語、方言、専門用語による音声入力によってフォームに入力されたデータを含む。あるいは、ウェアラブル・インターフェースからテレビまで、あらゆるサイズと解像度のスクリーンも含む。ネットワークの帯域幅や接続強度、その他あらゆる違いも含んでいる。

この章では、ポステルの法則が実際に使われているいくつかの例を挙げ、デザイナーがこの原則を活用して、実際の人々に適応するプロダクトやサービスを設計する方法を詳しく見ていこう。

起源

ジョン・ポステルはアメリカのコンピューター科学者であり、後にインターネットの基礎となるプロトコルの構築に多大な貢献をしたことで知られる。その1つが、ネットワーク上でデータを送受信するための基礎となるTCP（Transmission Control Protocol）の初期の実装だった。この仕様の中で、ポステルは「ロバストネス（堅牢性）の原則」と呼ばれる考え方を導入した。これは「TCPの実装はロバストネスの一般的な原則に従う。すなわち、出力は厳密に、入力には寛容に」[*1]という考え方である。この考えは、データを（他のマシンへ、あるいは同じマシン上の異なるプログラムへ）出力するプログラムは仕様に適合していなければならないが、データを受け取るプログラムは、意味が明確である限り、仕様に適合していない入力を受け入れ

*1　原注：Jon Postel, “RFC 793: Transmission Control Protocol,” September 1981, https://www.rfc-editor.org/rfc/rfc793

て解析できる堅牢性を持つべきだというものであった。

ポステルの法則はもともとネットワーク工学のガイドライン、特にコンピューターネットワーク間のデータ転送を意図したものだった。ロバストネスの原則によって導入されたフォールトトレランス*2の考え方は、初期のインターネットにおいて各ノード*3が確実に通信できるようにするために役立ったが、その影響はコンピューターネットワーク工学だけにとどまらない。ソフトウェアアーキテクチャもこの原則の影響を受けている。例えば、HTMLやCSSのような宣言型言語を考えてみよう。エラー処理がゆるいということは、オーサリングのミスや特定の機能に対するブラウザのサポート不足などの問題が、ブラウザによって華麗に処理されることを意味する。ブラウザが理解できない要素があれば、ただ無視して先に進む。このことが、これらの言語に驚くほどの柔軟性を与え、インターネットの舞台での優位性につながっているのだ。

ポステルの法則に描かれた哲学は、ユーザー体験のデザインや、ユーザーの入力とシステムの出力をどう扱うかにも応用できる。先に述べたように、ユーザーにとって良い体験をデザインするということは、人間にとって良い体験をデザインするということである。人間とコンピューターは根本的に異なる方法で情報を伝達し、処理している。そのコミュニケーションのギャップを埋めるのがデザインの責務だ。どのようにしてそれが実現できるのか、いくつかの例を見てみよう。

事例

ポステルの法則に基づくデザインアプローチは、ヒューマン＝コンピューターインタラクションの哲学に非常に近い。すなわち、ユーザーがどのような入力をするか、どのような環境で、どの程度のスキルがあるのかについて、実際に起こりうるあらゆるパターンを予測した上で、信頼性やアクセシビリティが担保されたインターフェースを提供すべき、という考え方だ。この哲学を示す例は数え切れないほどあるが、ここではデジタル世界ではありふれた「入力フォーム」から見ていこう。フォームは長らく、デジタル空間でシステムに情報を提供するための主要な手段と

*2　訳注：システム設計の考え方の1つで、システムの構成要素に障害が生じた際にも、システム全体を停止させずに稼働しつづけられるようにすること。

*3　訳注：「結節点」「結び目」といった意味で、ネットワークにおいて互いに通信を行う個々の装置（コンピューターやルーター、プリンターなど）を指す。

なっている。突き詰めて言えば、フォームは人間とシステムがインタラクションするための媒体である。プロダクトやサービスが何らかの情報を要求し、ユーザーはそのために用意されたフォーム要素を通じて情報を提供するのだ。

ポステルの法則をフォームのための指針として使うときの最初のポイントは、ユーザーにどれだけの情報を求めるかについては厳密であるべきだということだ。入力すべき項目が多ければ多いほど、ユーザーは認知エネルギーと労力をより多く消費することになり、その結果、意思決定の質が落ち（「決断疲れ」として知られている）、フォームを完遂できる可能性が減ってしまう。絶対に必要なものだけを求め、メールアドレスやパスワードなどシステムがすでに持っている情報は求めないことで、フォームに記入する手間を最小限に抑えよう。

また、ユーザーの入力に対してシステムがどれだけ柔軟に対応できるかということも考慮しなければならない。人間とコンピューターは異なる方法でコミュニケーションをとるため、人間が提供する情報とコンピューターが期待する情報との間には、時として断絶が生じることがある。ポステルの法則によれば、コンピューターは様々なタイプの人間の入力を受け入れるだけの十分な堅牢性を備え、入力を理解するだけでなくコンピューターが読める形式に処理できなければならない。これには様々な方法があるが、ユーザーの労力を極限まで抑えたやり方を見ると最高にわくわくするだろう。例えば、AppleのFace ID［図5-1］を見てみよう。これは顔認証システムで、Appleのユーザーは、デバイスのロックを解除しようとするたびに

図5-1　Face IDによって、iPhoneやiPadのロック解除、決済のための認証、アプリへのログインなどを安全に行える。出典：Apple、2020年

ユーザー名やパスワードを入力することなく、認証できる。

次に、ポスト・デスクトップ時代のコンピューティングでは一般的になった**レスポンシブデザイン**を見てみよう。ここ20年くらいの間に、より多くのデバイスがウェブに接続できるようになるにつれ、どのような画面サイズにも適応できるコンテンツを提供する必要性が高まってきた。そうした中で、イーサン・マーコットは2010年に「レスポンシブウェブデザイン」と呼ばれるアプローチを発表した*4。これは「流動的なグリッド、柔軟な画像サイズ、メディアクエリ*5」によって、ユーザーが見ている状況に合わせてコンテンツが流動的に変化するウェブサイトを作成するものである。デスクトップ用とモバイルデバイス用に別々のウェブサイトを用意する戦略が主流だった時代において、これはウェブサイトのデザイン・構築の全く新しいアプローチであった。レスポンシブウェブデザインによってデザイナーの仕事は、それまでのデバイスに特化した体験設計から、ウェブの流動的な性質を受け入れるアプローチへと進化することになった。CSS（Cascading Style Sheets：カスケードスタイルシート）の能力が高まったことで、デザイナーは、インターネット対応のスマートウォッチ、スマートフォン、ゲーム機、ラップトップ、デスクトップコンピューター、テレビなど、あらゆる表示デバイスにコンテンツが柔軟に適応するための方法を定義できるようになった［図5-2］。今日では、レスポンシブウェブデザインはウェブ体験を作る際のデファクトスタンダード（事実上の標準）となっており、幅広い入力を受け入れ、特定の画面サイズやデバイスに縛られることなく適応可能な出力を提供するという哲学を体現している。

コンテンツを重視し、スタイリングやインタラクションを段階的に重ねていくウェブデザインの戦略を記述した「プログレッシブエンハンスメント」は、ポステルの法則の一例とも捉えられる。2003年のSXSW（サウス・バイ・サウスウエスト）*6において、スティーブ・シャンピオンとニック・フィンクが「Inclusive Web Design For the Future（インクルーシブウェブデザインの未来）」*7と題したプレゼンテーション

---

*4　原注：Ethan Marcotte, "Responsive Web Design," A List Apart, May 25, 2010, https://alistapart.com/article/responsive-web-design

*5　訳注：メディアクエリとは、画面の解像度等の条件に対応してコンテンツの描画が行えるようにするためのCSS3のモジュールで、レスポンシブウェブデザインの基礎となる技術。

*6　訳注：SXSW（サウス・バイ・サウスウエスト）は、毎年3月にアメリカのテキサス州オースティンで行われる音楽・映画・イノベーションの祭典。インターネットやテクノロジーにおける新しいトレンドが発表される場として世界的に有名。

*7　原注：http://hesketh.com/publications/inclusive_web_design_for_the_future.html

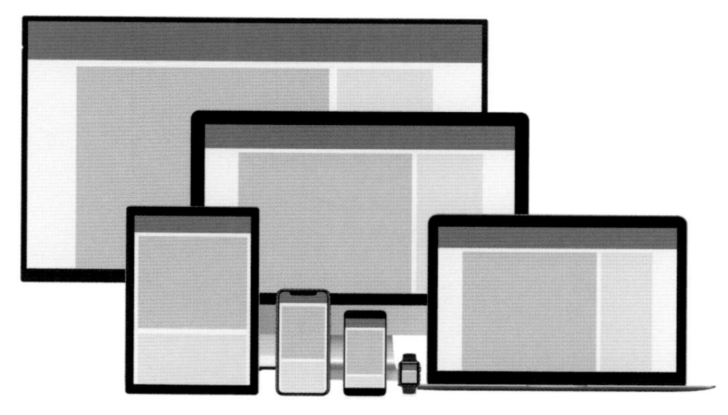

図5-2 レスポンシブデザインはウェブの流動的な性質を活用している

の中ではじめて紹介したこの戦略は、ブラウザの機能サポート、デバイスの機能や性能、インターネット接続速度に関係なく、すべてのユーザーが基本的なコンテンツや機能にアクセスできることを重視する。その上で、ブラウザが追加の機能をサポートしていたり、デバイスの性能が高かったりする場合などには、追加のスタイルやインタラクションのレイヤーが段階的に重ねられる。コアコンテンツは堅持しつつ、新しいブラウザや高度なデバイス、高速な接続環境のユーザーはより充実した体験を得られるしくみだ。これは、以前の「グレースフルデグラデーション」として知られる戦略、すなわち、フォールトトレランスに重点を置き、高度なソフトウェアやハードウェアのほうをまずターゲットとし、他のものには予備の機能を提供する考え方とは対照的なアプローチである。

プログレッシブエンハンスメントの強みは、あらゆる範囲のブラウザの機能サポート、あらゆるレベルのデバイス性能、あらゆる接続速度を自由に受け入れ、コアコンテンツを維持しながら保守的に機能レイヤーを重ねていくことで、誰もが普遍的にアクセスできるようにする能力にある。例えば、[図5-3] に挙げたシンプルな検索ボックスは、誰でもそこにフォーカスして検索クエリを入力することができるが、音声認識ができるデバイスのために音声入力をサポートするように強化されている。最初はデフォルトの検索ボックスが表示され、スクリーンリーダーなどの支援技術を使用している人も含めて、誰もが使える状態になる。デバイスが音声認識をサポートしていることが検出された場合、機能強化レイヤーが追加される。す

図5-3　プログレッシブエンハンスメントの例。デフォルトでは単純な検索ボックスが表示されるが、音声認識をサポートするデバイスでは音声入力用のボタンが現れる

なわち、マイクのアイコンが表示され、ユーザーがそれを選択して音声アシスタントを呼び出して、音声をテキストに変換できるようになる。

ポステルの法則の例はインターフェースに限ったことではなく、デザインプロセスにも見られる。例えばデザインシステムは、再利用可能なコンポーネントとパターンの集合体と、それらの使い方を定義する基準とがセットになっているものだ。デザインシステムの目的は、こうしたコンポーネントやパターンを整理していくつものアプリケーションを構築できるようにすることで、デザインの拡張性を担保するフレームワークを提供することだ。このツールは非常に価値があることが証明されており、企業の組織全体で統一されたトーン＆マナーでデザインを拡張できるようになっている[図5-4]。効果的なデザインシステムを作り上げるためには、入力に対して寛容でなければならない。デザイン、コンテンツ、コードから戦略、意見、批判に至るまでのあらゆるものが、システムづくりに関与する多様なチームから出てくるからだ。対照的に、デザインシステムのアウトプットは保守的である。ガイドライン、コンポーネント、パターン、原則はすべて明確で目的を持っていなければならない。

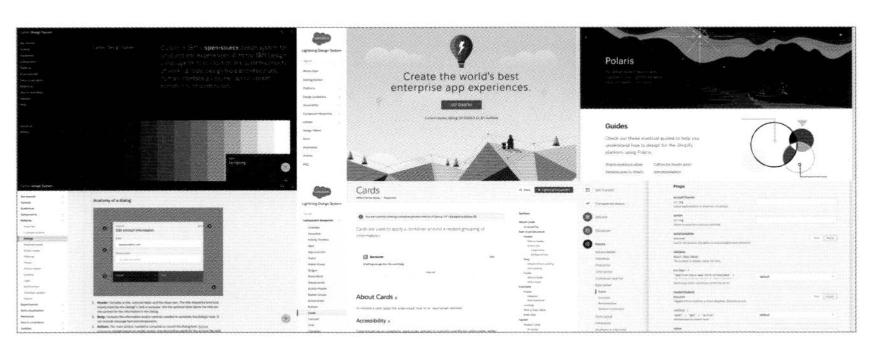

図5-4　デザインシステムは多くの有名企業で採用されており、管理しやすく一貫したトーン＆マナーでデザインを組織全体に展開できる。左から、IBMのCarbon Design System（カーボンデザインシステム）、SalesforceのLightning Design System（ライトニングデザインシステム）、ShopifyのPolaris（ポラリス）。出典：IBM、Salesforce、Shopify、2020年

重要な論点

デザインのレジリエンス(強靭さ)

ユーザーがシステムに提供する入力は様々であり、多岐にわたる。したがって、より良いユーザー体験を確保するためには、入力を寛容に受け入れるシステムをデザインする必要がある。しかしそれは同時に、エラーを生じさせてしまうなど、少なくとも理想的とはいえないユーザー体験になってしまう可能性も高めてしまう。できるだけ多くのことを予測し、計画してデザインするほど、デザインはよりレジリエント(強靭)になる。

例えば、多言語対応というテーマを考えてみよう。同じ内容の文字列でも、言語によって長さが異なることがある。多くのデザイナーは母国語だけを考え、他の言語でテキストの長さが大幅に伸びてしまう可能性を考慮しない。英語は非常にコンパクトな言語だが、イタリア語のようにコンパクトでない言語に翻訳されると、単語によっては3倍も長くなってしまうことがある[図5-5]。また文章の向きも、多くの欧米諸国では左から右だが、他の国では右から左だったり、さらには縦書きだったりなど、世界各地で異なっている。このような多様性を念頭に置いてデザインすることで、様々な文字列の長さや文章の向きに適応する、より堅牢なデザインを作り出せる。

Views 5文字	Visualizzazioni 15文字

図5-5 英語(左)よりもイタリア語(右)のほうが単語が長くなる例。出典:w3.org

もう1つの例として、モバイルデバイスやブラウザにおいて、デフォルトの文字サイズをカスタマイズできる機能がある。この機能はユーザーが画面表示を調整できるようにするもので、例えばアプリケーションやウェブサイトのすべてのテキストのサイズを大きくしてアクセシビリティを向上させられる。しかし、文字サイズが大きくなる可能性、特にそれによるレイアウトやテキストの余白への影響を考慮できていないデザインの場合、この機能を使うと問題が発生する可能性がある。いわゆるアダプティブデザインはこの機能を考慮して、美しい対応を見せるものだ。例えばAmazonは、ウェブサイトのヘッダーナビゲーションにおいて文字サイズのカスタマイズに見事に対応している［図5-6］。このデザインは、検索バーの下にあるクイックリンクを重要度別に整理し、文字サイズが大きくなるにつれて重要度の低いリンクを削除することで、文字サイズのカスタマイズに対処している。

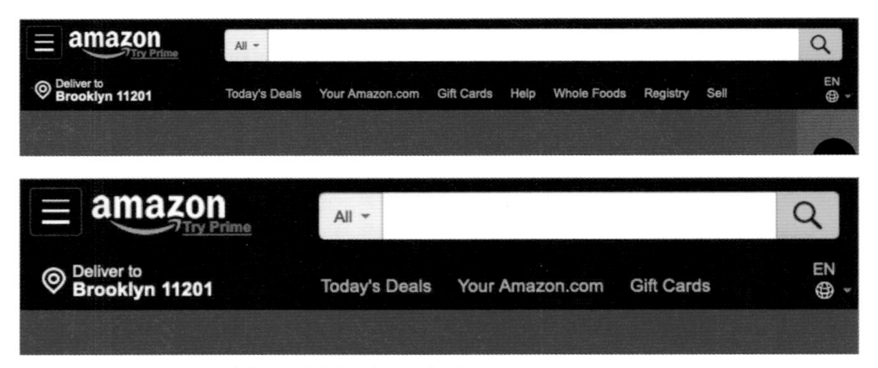

図5-6　Amazon.comでは文字サイズをカスタマイズできる。出典：Amazon、2019年

結論

ポステルの法則は、人と機械の間のギャップを埋めるのに役立つ。人による様々な入力を寛容に受け入れ、それを構造化された、機械に優しい出力に変換するシステムを設計すれば、ユーザーに負荷をかけず、より**人間的な**ユーザー体験が保証される。これにより、規模や複雑性の増大にも耐えうる、堅牢で適応性の高いプロダクトやサービスを構築できる。これによりエラーの可能性も高まるが、それを予測し計画を立ててデザインすることで、レジリエンスを高めたシステムを作り上げることができる。

CHAPTER 6

ピークエンドの法則

Peak-End Rule

CHAPTER 6 *Peak-End Rule*

ピークエンドの法則

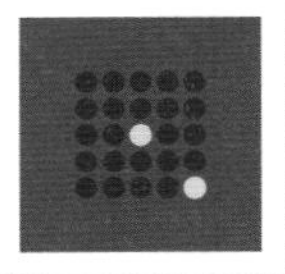

経験についての評価は、全体の総和や平均ではなく、ピーク時と終了時にどう感じたかで決まる。

ポイント

- ユーザージャーニーの中で最も重要な瞬間（ピーク）と最後の瞬間（エンド）に細心の注意を払おう。
- エンドユーザーを喜ばせるためには、プロダクトが最も役立つ瞬間、最も価値がある瞬間、あるいは最も楽しい瞬間を見定めてデザインしよう。
- 人はポジティブな経験よりも、ネガティブな経験をより鮮明に思い出すことを心に刻んでおこう。

概要

わたしたちが過去のできごとを思い出すときには、面白いことが起きている。経験の全体を思い起こすのではなく、感情のピークと終わりの瞬間（それがポジティブであってもネガティブであっても）に焦点を当ててしまう傾向があるのだ。言い換えると、わたしたちは、人生の一つ一つの経験を、いくつかの主要なスナップショットの連なりとして記憶しており、決して包括的なイベント年表として記憶しているわけではない。最も感情が高まっていたときに感じたことと、終わりの時点で感じたこととが頭の中で混ざり合い、それが経験全体に対する評価を大きく左右する。そして、もう一度やりたいか、他の人に勧めたいかが決まる。「ピークエンドの法則」として知られるこの現象が教えてくれるのは、ユーザーが経験全体をポジティブに評価してくれるようにしたければ、これらの重要な瞬間に細心の注意を払うべきだということだ。

起源

ピークエンドの法則の証拠がはじめて見い出されたのは、ダニエル・カーネマンらの1993年の論文「When More Pain Is Preferred to Less: Adding a Better End（より強い痛みのほうが好まれる場合：終わりを良くする）」[*1]においてである。彼らの行った実験は、被験者が2つの異なるバージョンの不快な経験にさらされるというものである。最初の試験では、被験者は14℃の水に60秒間、手を浸した。2回めの試験では、もう片方の手を14℃の水に60秒間浸し、さらに水温を少しだけ上げて15℃にした状態で30秒間浸したままにしておくというものであった。その後、どちらの体験を繰り返すかの選択を与えられたとき、冷たい水にさらされている時間が長いにもかかわらず、被験者は、2回めの試験を繰り返したいと感じていた。カーネマンらの結論は、参加者が長いほうの試験を選んだのは、単純に最初の試験と比較してそちらのほうがいい記憶だったからだ、ということであった。

その後の研究でも、この結論が裏付けられることになった。例えば、カーネマンとレデルマイヤーによる1996年の研究[*2]では、大腸内視鏡検査または結石破砕術の患者が一貫して、自分の経験の不快感を最悪の瞬間と最後の瞬間に感じた痛みの強さに基づいて評価しており、手術中に痛みがどのように変化したか、どのくらい長く続いたかは無関係であった。さらに、彼らは後の研究[*3]でこの実験を拡張し、患者を無作為に2つのグループに分けた。1つは典型的な大腸内視鏡検査を受けた患者群、もう1つは、インフレーション（膨張）やサクション（吸引）なしでスコープの先端を3分間余分に挿入して、同じ検査を受けた患者群である。どちらが好ましいかを尋ねたところ、長いほうの処置を受けた患者のほうが、最後の瞬間の痛みが少なかったために全体的に不快感が少ないと評価し、検査を避けたいと回答する傾向がもう一方の患者と比較して低かった。さらに、長いほうの処置を受けた患者のほうが、その後の処置のために再来院する割合が高かった。これは、最後の瞬間の痛みが少なかったために、経験がポジティブに評価された結果である。

---

*1　原注：Daniel Kahneman, Barbara L. Fredrickson, Charles A. Schreiber, and Donald A. Redelmeier, "When More Pain Is Preferred to Less: Adding a Better End," Psychological Science 4, no. 6 (1993): 401–5.

*2　原注：Donald A.Redelmeier and Daniel Kahneman, "Patients' Memories of Painful Medical Treatments: Real-Time and Retrospective Evaluations of Two Minimally Invasive Procedures," Pain 66, no. 1 (1996): 3–8.

*3　原注：Donald A. Redelmeier, Joel Katz, and Daniel Kahneman, "Memories of Colonoscopy: A Randomized Trial," Pain 104, no. 1–2 (2003): 187–94.

心理学上の概念

認知バイアス

ピークエンドの法則を理解するためには、認知バイアスについて知っておくことが役に立つ。認知バイアスはそれ単体で本が1冊書けるくらいのテーマだが、ここではピークエンドの法則の文脈で簡単に紹介しよう。

認知バイアスは、判断における思考や合理性の体系的なエラー群であり、わたしたちの外界認識や意思決定の能力に影響を与えている。1972年にエイモス・トヴェルスキーとダニエル・カーネマンによってはじめて紹介された[*4]、これらの心のショートカット機能があることで、わたしたちは状況を徹底的に分析することなくすばやい意思決定ができ、効率よく行動できる。意思決定のたびに心理的な検討プロセスによって立ちすくんでしまわずにすんでいるのは、これらの無意識で自動的な反応に頼って物事をすばやく処理し、負荷のかかる心理的な処理は本当に必要なときだけに絞っているからだ。しかし、認知バイアスは思考や知覚を歪め、最終的には不正確な判断や不適切な判断につながることもある。

あなたはおそらく、偏った感情的な話題について他の人と論理的な議論をしようとして、それが信じられないほど難しいと感じたことがあるだろう。このような状況に陥る根本的な理由は、大抵の場合、わたしたちが既存の信念を維持しようとする際に、その信念を裏付ける情報ばかりに目が行き、その信念と相反する情報を無視してしまうことである。これは**確証バイアス**として知られている。人は、自分の先入観や考えを確かめるように情報を探し出し、解釈し、想起する傾向があるという信念に関するバイアスだ。これは、人間が日常的に影響を受けやすい多くのバイアスの1つである。

ピークエンドの法則も認知バイアスの1つであり、記憶の想起が損なわれるため、**記憶バイアス**としても知られている。わたしたちは、感情的なできごとのほうが感情的でないできごとよりも強く記憶しており、これが経験の捉え方に影響を与えている。すなわち、わたしたちは経験全体を通して感じたことの総計ではなく、感情的なピークの瞬間と終わりの瞬間に感じたことの平均を想起するのだ。

＊4　原注：Daniel Kahneman and Amos Tversky, "Subjective Probability: A Judgment of Representativeness," Cognitive Psychology 3, no. 3 (1972): 430–54.

ピークエンドの法則は、再現性効果という別の認知バイアスにも関連している。これは、並び順の最後に近い項目が最も想起されやすいというものである。

事例

感情がユーザー体験にどのように影響するかを理解している企業として、メールマーケティングツールを提供するMailchimpがある。メールキャンペーンを作成するプロセスは非常にストレスの多いものだが、Mailchimpは、全体のトーンを明るく安心感のあるものにしつつユーザーを誘導する方法を知っている。例えば、会員向けに書き上げたメールの送信ボタンを押そうとする瞬間を考えてみよう。感情がピークに達するこの瞬間は、メールキャンペーン作成に費やしたすべての作業の蓄積と、失敗への恐れが重なる瞬間である。Mailchimpは、特にはじめてのユーザーにとってこの瞬間がとても重要であることを理解しており、シンプルな確認モーダルにとどまらない体験を提供している[図6-1]。

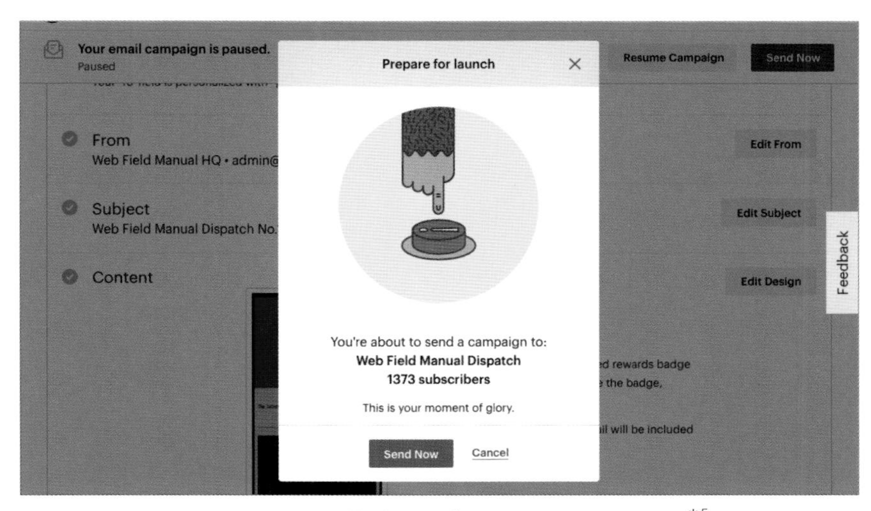

図6-1　Mailchimpのメールキャンペーン送信確認モーダル。出典：Mailchimp、2019年 *5

*5　訳注：フレディー（チンパンジー）の手がボタンを押そうとしているイラストの下には「Web Field Manual Dispatchの登録者1373人にメールキャンペーンを送信しようとしています。これはあなたにとって輝かしい瞬間です。」と書かれている。（「Web Field Manual Dispatch」は著者が運営しているデザイナー向けメールマガジン。参考：https://webfieldmanual.com/）

イラスト、繊細なアニメーション、そしてユーモアを通してブランドの個性を吹き込むことで、このツールはストレスの多い瞬間を和らげてくれる。会社を象徴するチンパンジーのマスコットであるフレディーは、大きな赤いボタンの上に指を置いて、あなたの許可を熱望しているかのように見える。待ち時間が長くなるほど、フレディの手に汗が流れ、微妙に震えることで、緊張が高まっていることが伝わる。

Mailchimpが重要な瞬間を巧みに表現している例はこれだけではない。メールキャンペーンが送信されると、ユーザーは確認画面[図6-2]にリダイレクトされ、キャンペーンに関わる詳細が見られるが、この画面には、ユーザーの頑張りをねぎらうためのユーモアも一緒に含まれている。フレディがユーザーにハイタッチ(High Five)をすることで、やりきったという安堵感を与えているのだ。こうした細部が達成感を強め、経験をよりよいものにすることで、このサービスを使用する人々がポジティブな気持ちになれる瞬間を作り上げている。

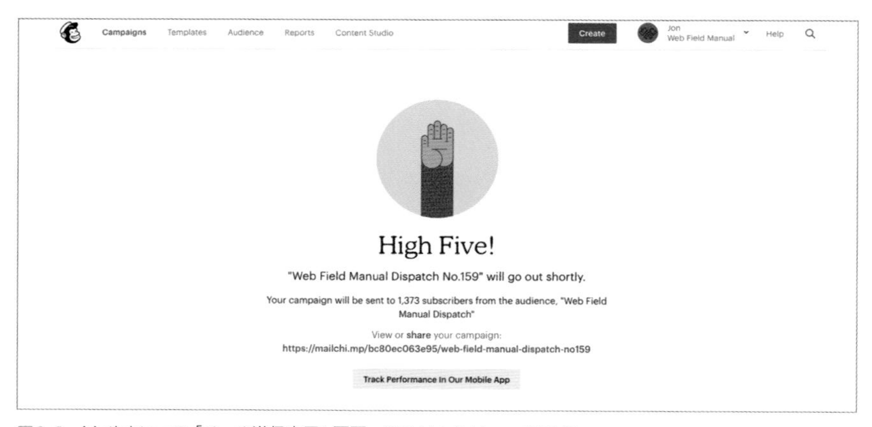

図6-2　Mailchimpの「メール送信完了」画面。出典：Mailchimp、2019年

プロダクトやサービスに対する印象に影響を与えるのは、ポジティブなできごとだけではない。ネガティブなできごとも感情のピークを生じさせ、体験に対してユーザーが後々までどんな印象を持ちつづけるかを左右する。例えば、待ち時間はプロダクトやサービスに対する印象に大きな影響を与える。ライドシェア企業のUberは、同社のビジネスモデルにおいて「待ち時間」は避けられない要素であることに気づき、その苦痛を和らげるために待ち時間に関連する3つのコンセプトに焦点を当てた。すなわち、無為な時間の回避、オペレーションの透明化、目標勾配

効果の活用である*6。Uber Express POOL*7［図6-3］では、利用者にアニメーションを見せることで情報だけでなく楽しさも提供している（無為な時間の回避）。アプリでは、到着予定時刻を提示しつつ、それがどのように計算されているかの情報も提供している（オペレーションの透明化）。プロセスの各ステップが明確に示されているため、利用者は「乗車する」という目標に向けて着実に進んでいると感じられる（目標勾配効果の活用）。待つことや時間に対する人の知覚に注目することで、Uberは配車リクエスト後のキャンセル率を下げ、また、サービス利用の中でネガティブな感情のピークになりやすい状況を回避できた。

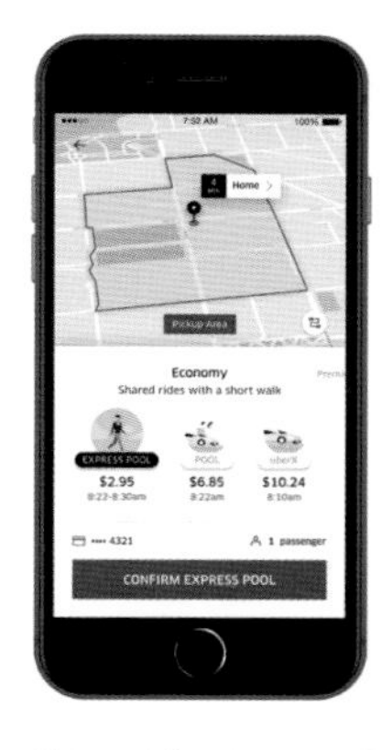

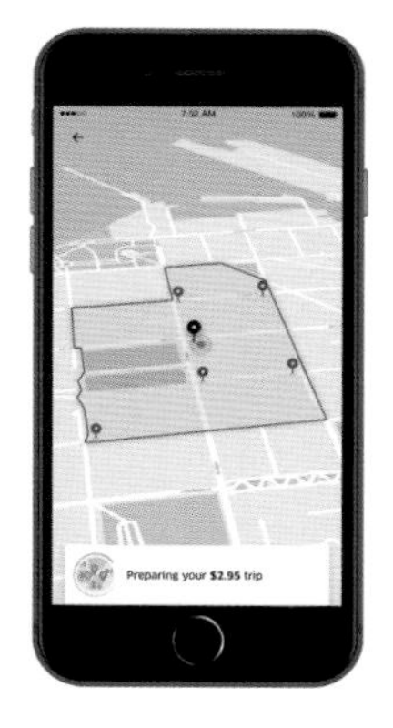

図6-3　Uber Express POOL。出典：Uber、2019年

*6　原注：Priya Kamat and Candice Hogan, “How Uber Leverages Applied Behavioral Science at Scale,” Uber Engineering (blog), January 28, 2019, https://eng.uber.com/applied-behavioral-science-at-scale

*7　訳注：Uberが2017年にアメリカで開始した乗り合いサービス。最大3人まで同じ車をライドシェアするもので、乗客は車の乗り降りがしやすい場所まで少し歩く必要がある代わりに、通常のUberよりも安い価格で利用できる。

テクニック

ジャーニーマップ

体験全体の中で、エンドユーザーの感情のピークがどこにあるかを特定するために便利なツールの1つが、ジャーニーマップだ。この定性的なワークは、人々が何らかのタスクや目標を達成するストーリーの中で、プロダクトやサービスをどのように使用するかを可視化するために、極めて役に立つ。ジャーニーマップによって生み出されたデザインの成果物［図6-4］は、デザイナーとプロジェクトの利害関係者が共通のメンタルモデルに依って立つためだけでなく、カスタマーエクスペリエンスについてのより深い共通理解を生み出し、体験における課題や機会を特定するためにも役立つ。

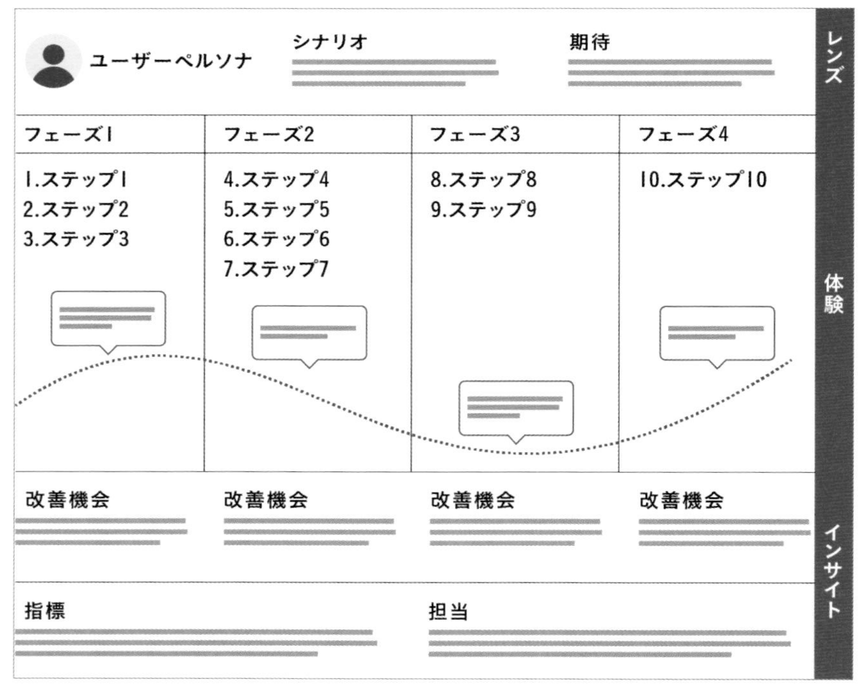

図6-4　ジャーニーマップの例

あらゆるデザイン関連のワークと同様、ジャーニーマップもプロジェクトの目的や目標に合わせて調整する必要がある。しかし、大抵は以下に挙げるような主要情報から構成されている。

●レンズ

ジャーニーマップの**レンズ**は、体験が表現する人物の視点を明らかにするものだ。通常はエンドユーザーのペルソナが含まれ、これはプロダクトやサービスのターゲットオーディエンスに関する調査に基づいて事前に定義されるものだ（第1章参照）。また、レンズにはジャーニーマップの焦点になっているシナリオが描かれる。このシナリオは現実のものかもしれないし、まだ発売されていないプロダクトやサービスの場合には想定のものかもしれない。最後に、そのシナリオにおけるペルソナの期待を記述する。例えば、「ジェーン（ペルソナ）はライドシェアサービスのアプリを使って配車を依頼し（シナリオ）、10分以内に自分の正確な居場所に車が来てくれることを期待している（期待）」といった具合だ。

●体験

次の**体験**セクションでは、エンドユーザーの行動、心理、感情をタイムライン上にマッピングする。まず一番上の段で、体験は大まかなフェーズに分けられる。次の段に行動を記載する。ここでは、タスクや目標を達成するためにエンドユーザーが各フェーズ内で取らなければならないステップが定義される。行動の次の段は、体験中のエンドユーザーの心理に関する情報だ。ジャーニーマップによってどのような洞察を得ようとしているかによって中身は異なるが、基本的には、各フェーズで顧客が何を考えているのかをより深く把握するための情報を文脈に沿って記したものである。ここで描かれる典型的な情報としては、リサーチやユーザーインタビューから得られたユーザーの一般的な思考、ペインポイント、疑問、動機などがある。最後に、一番下の段に感情を記載する。これは通常、体験全体にわたる連続した線で表され、体験を通じたペルソナの感情の動きを捉えることができる。顧客の感情のピークを捉えられるため、ピークエンドの法則にとって特に重要だ。

●インサイト

ジャーニーマップの最後の部分は**インサイト**のセクションで、体験をなぞる中で浮かび上がってきた大事なポイントを書き出す。このセクションには通常、体験全体の改善につながる機会のリストが含まれる。また、体験の改善に関わる指標のリストと、それらの指標に誰が責任を持つべきかということも記載されることが多い。ライドシェアの例に戻ると、配車依頼された後に車の位置情報をリアルタイムで提供すれば、待ち時間の苦痛を和らげられる（改善機会）。この機能は、プロダクトチームが設計・開発し（担当）、乗車後の評価（指標）によってモニタリングできる。

重要な論点

ネガティブピーク

プロダクトやサービスを長く運営していく中で、何かがうまくいかないタイミングがあることは避けられない。サーバーの障害が波及してサービスの停止につながるかもしれないし、バグによってセキュリティの脆弱性が明らかになるかもしれないし、すべての顧客のことを考慮せずにデザインを決定してしまい、意図しない結果につながるかもしれない。これらの状況はすべて、プロダクトを利用する人々の感情に影響し、最終的には体験全体の印象に影響を与える可能性がある。

しかし、適切な対策が講じられていれば、このような挫折もチャンスになりうる。例えば、よくある404エラーページを例に挙げてみよう。アクセスしようとしたページが見つからない場合、ユーザーはイライラしてネガティブな印象を持ってしまうかもしれない。しかし、これ自体を顧客との関係構築に利用し、古き良きユーモアを活用してブランドの個性を強化する企業もある[図6-5]。

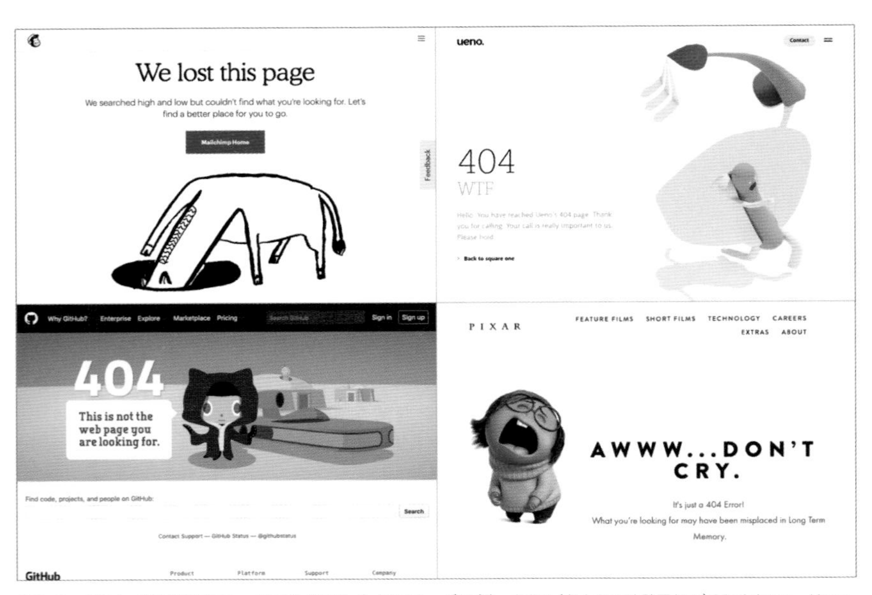

図6-5　ブランドの個性やユーモアを活用した404ページの例。出典：（左上から時計回りに）Mailchimp、Ueno、Pixar、GitHub、いずれも2019年

結論

わたしたちの記憶は、できごとを完全に正確に記録したものではない。ユーザーが一度利用したプロダクトやサービスをもう一度利用するかどうか、あるいは他の人にすすめるかどうかは、彼らがどのように体験を思い出すかによって決まる。そして、過去の経験に対する判断は、できごと全体を通して感じたことではなく、感情のピーク時と終了時に感じたことの平均に基づくため、これらの瞬間が印象に残ることが非常に重要となる。これらの重要な瞬間に細心の注意を払うことで、ユーザーはその体験をポジティブに記憶してくれる。

CHAPTER 7
美的ユーザビリティ効果
Aesthetic-Usability Effect

CHAPTER 7 *Aesthetic-Usability Effect*

美的ユーザビリティ効果

見た目が美しいデザインはより使いやすいと感じられる。

ポイント

- 見た目が美しいデザインは、人の脳にポジティブな反応をもたらし、実際の場面でも良く機能すると受け取られる。
- プロダクトやサービスの見た目が美しければ、人は些細なユーザビリティの問題に対してより寛容になる。
- 見た目が美しいデザインはユーザビリティの問題を覆い隠し、ユーザビリティテスト中に課題を発見しにくくしてしまうこともある。

概要

デザインは、ものがどのように見えるのかだけでなくどのように機能するのかに関係する。しかし、良いデザインが魅力的になれないわけでは決してない。事実、見た目が美しいデザインはユーザビリティに影響を与える。ポジティブな感情的反応を生み出すとともに認知能力を拡張しユーザビリティがよいと感じやすくすることで、より信頼性を高めることができるのだ。つまり、見た目が美しいデザインは脳のポジティブな反応を引き出し、いかにも良く機能しているように見せる[*1]。美的ユーザビリティ効果と呼ばれる現象だ。わたしたちははじめて目にするものがあると、自動的な認知処理によって美しいかどうかを直感的かつ瞬間的に判断する。これはデジタルインターフェースでも同様で、第一印象が重要なのだ。

本章ではこの原則の起源をたどりながら、見た目の美しさに基づいて脳がどのようにして情報を変換しているかを学び、美的ユーザビリティ効果を利用している例

＊1　原注：F. Gregory Ashby, Alice M. Isen, and And U. Turken, "A Neuropsychological Theory of Positive Affect and Its Influence on Cognition," Psychological Review 106, no. 3 (1999): 529–50.

をいくつか見ていこう。

起源

美的ユーザビリティ効果の起源は1995年に日立デザインセンターの研究員だった黒須正明と鹿志村香が実施した研究に遡る*2。それまではデジタルインターフェースにおける見た目の美しさの意味についてはほとんど研究がされていなかった。この2人の研究は本来のユーザビリティと「見かけ上のユーザビリティ」との関係を調べることから始め、使いやすさと視覚的な魅力との相関関係を示した。

黒須と鹿志村の実験は、252名の参加者を対象に26 種類のATMインターフェースのレイアウトパターン［図7-1］を見せ、それぞれのデザインを機能性と見た目の美しさの両面から評価してもらうという内容だ。参加者は、各デザインの使いやす

使いやすいが、
見た目は美しくない(No.6)

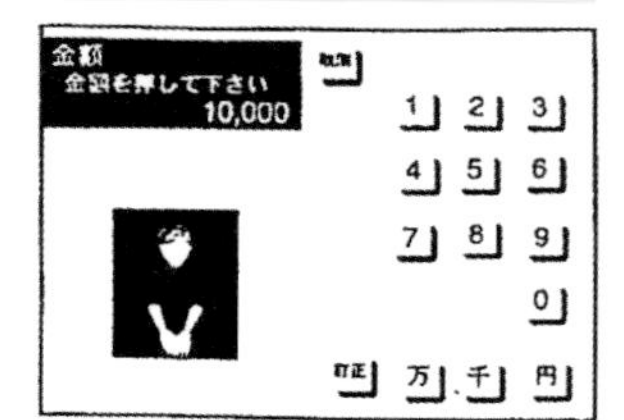

High Usability Score and
Low Beauty Score (No.6)

使いやすく、
見た目も美しい(No.23)

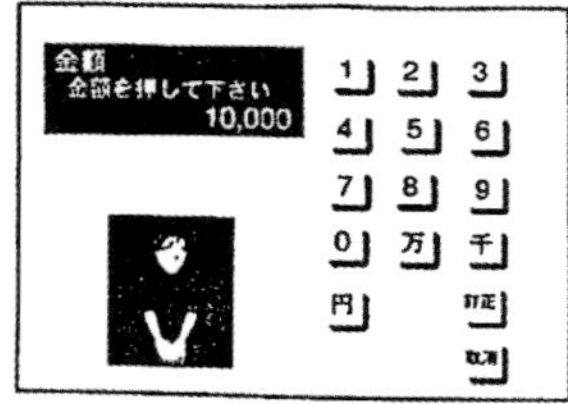

High Usability Score and
High Beauty Score (No.23)

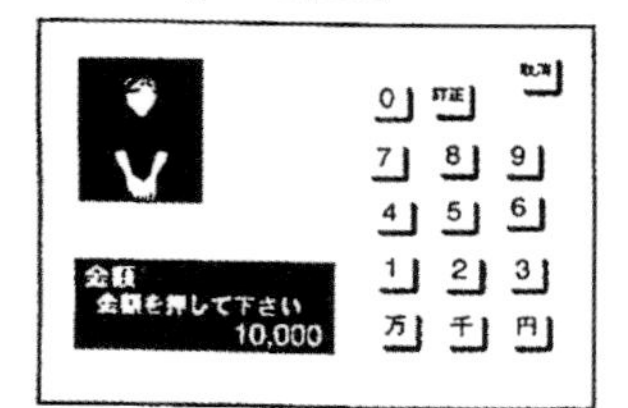

Low Usability Score and
Low Beauty Score (No.17)

使いづらく、
見た目も美しくない(No.17)

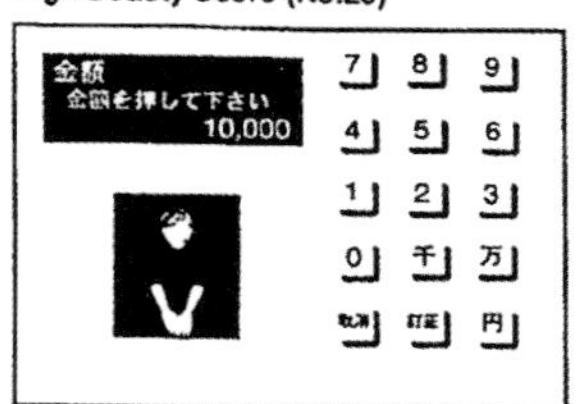

Low Usability Score and
High Beauty Score (No.13)

使いづらいが、
見た目は美しい(No.13)

図7-1　レイアウトパターンの例。出典：Kurosu and Kashimura、1995年

---

*2　原注：Masaaki Kurosu and Kaori Kashimura, “Apparent Usability vs. Inherent Usability: Experimental Analysis on the Determinants of the Apparent Usability,” in CHI ’95: Conference Companion on Human Factors in Computing Systems (New York: Association for Computing Machinery, 1995), 292–93.

さと見た目の美しさを10段階で評価した。その結果、ユーザビリティに対する認識はインターフェースの魅力の度合いに強く影響されていることがわかった[図7-2]。つまり、使いやすく見えるかどうかは、本質的な使いやすさとはあまり関係なく、見かけの美しさにより強く左右されるのだ。

その後のノーム・トラクティンスキーらによる2000年の「What Is Beautiful Is Usable（美しいものは使いやすい）」などの研究が、黒須と鹿志村の発見を裏付け、システムインターフェースの見た目の美しさが、ユーザーがシステムを使いやすいと感じるかどうかに影響を与えることをさらに確かめている*3。知覚された魅力と他の品質（信頼性を含む）との間の相関関係も、ユーザビリティテストにおける見た目の美しさの効果と同様に調査されている（本章の「ユーザビリティテストにおける効果」を参照）。

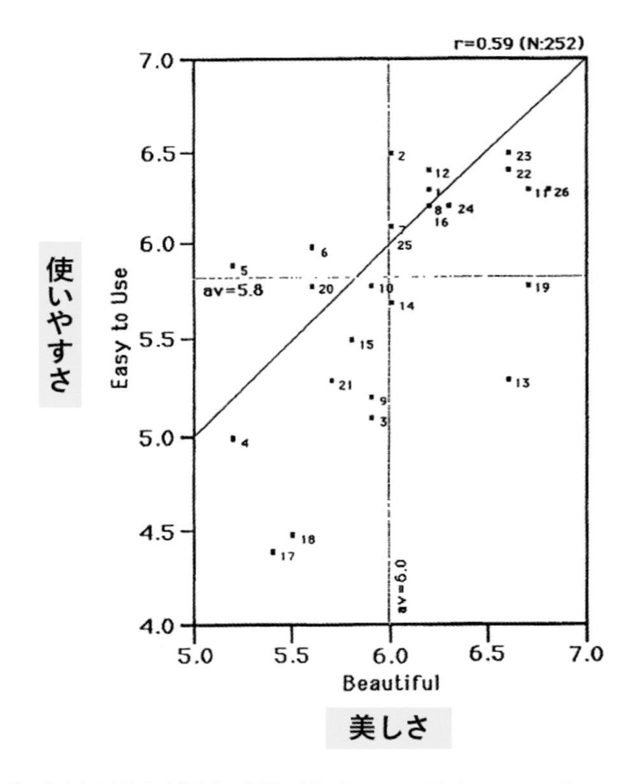

図7-2　使いやすさと見た目の美しさの相関。出典：Kurosu and Kashimura、1995年

＊3　原注：Noam Tractinsky, Arthur Stanley Katz, and Dror Ikar, “What Is Beautiful Is Usable,” Interacting with Computers 13, no. 2 (2000): 127–45.

心理学上の概念

自動認知処理

よくないことだといわれつつも、実際にはわたしたちは本を表紙で判断してしまうことがある。だがそれは、悪いも何も必然なのだ。自動認知処理のおかげで、わたしたちはすばやく反応できる。周囲のあらゆる物体を注意深く処理するのは時間がかかり非効率的で、状況によっては危険ですらある。そのためわたしたちは知覚したものに意識的な注意を向ける前に心の中で情報を処理し、過去の経験に基づいて方針を決め始める。この無意識で自動的な思考モードは、続いておとずれる意識的で遅い思考モードとは対照的である。心理学者であり経済学者でもあるダニエル・カーネマンが2015年の著書『Thinking, Fast and Slow』(『ファスト＆スロー上巻／下巻』村井章子訳、早川書房、2012年)の中で解き明かしたことだ。システム1とシステム2という2人の登場人物が織りなす心理劇は、認知処理が2通りあることと、意思決定への影響について明らかにしてくれる。

システム1は衝動的に動作し、ほとんどまたは全く心理的な努力を必要としない。迅速で、意図的に制御できない。他の動物とも共通した生まれつきの能力の1つであるこの思考モードのおかげで、わたしたちは経験や長期の訓練に基づいてものを認識し、危険を察し、注意を向け、損失を避け、すぐに反応することができる。システム1は自動的に動作しシステム2のための情報(直感、感情、意図、印象)を生成する。

システム2は、よりゆっくりと動作し精神的な努力を必要とする。システム1が困難に陥ったときに呼び出されるシステムであり、より具体的で詳細な処理の仕方で目前の問題解決をサポートしてくれる。注意力を必要とする複雑な問題解決のための思考システムだ。集中、探求、記憶の探索(思い起こし)、(単純な算数を超えた)演算処理、状況認識などは、すべてこの思考モードが関与している。

負荷を最小限に抑え、パフォーマンスを最適化するために、この2つのシステムは相互に作用し合う。わたしたちが考えたり実行したりすることの大部分をシステム1が処理し、必要に応じてシステム2がそれを引き継ぐようになっている。このことがデジタルプロダクトやデジタルでの体験に与える影響は非常に大きい。わたしたちはシステム1に頼って、自分のタスクについての情報をすばやく特定し、パッと見で関係がなさそうな情報は無視する。つまり役に立つかどうか手元の情報をすばやく流し読みし、役に立たなそうなものはすべて無視するようになっている。そのため、美的ユーザビリティ効果において第一印象を形成するシステム1の思考は、非常に重要といえる。実際、ウェブサイトを見た人はわずか50ミリ秒以内にそのサイトに対して脳内で評価を下しており、視覚的な魅力こそがその主な決定要因だと研究で明らかになっている[*4]。興味深いことに、短時間で形成されたこの評価(視覚的反応)は、ユーザーがサイトを利用する時間が長くなったとしても変化することはほとんどない。

事例

ここでは、美しさを事業の中心に据えている2つの企業に焦点を当てて美的ユーザビリティ効果の例を紹介しよう。まず、ドイツのエレクトロニクス企業であるBraun[*5]は、デザインの世界で記憶される成果を残し、美しく心地よいプロダクトがいかに永く印象を与え続けるかを示してきた。ディーター・ラムスのデザインディレクションのもと、機能的なミニマリズムと美しさのバランスのとれたプロダクトを生み出してきた同社は、何世代にもわたってデザイナーに影響を与えてきた。ラムスの掲げた「less but better(より少なく、しかしより良く)」というアプローチは形態は機能に従うべしということを重視し、かつてないほどに優れたデザインのプロダクトを生み出した。

例えば、白い金属製の筐体と透明な蓋から「白雪姫の棺」と呼ばれたBraunのSK4レコードプレーヤー[図7-3]を見てみよう。粉体塗装された金属板とニレ材のサイドパネルでできているSK4は、1956年当時の消費者が手にすることができた贅沢な装飾の木製のプロダクトとは一線を画した存在だった。金属製カバーのレコードプレーヤーは音量が大きいとガタつきが生じていたが、SK4ではプレキシガラスのカバーを採用することでこれを解消している。SK4はどの細部にも機能的な目的を持ち、Braunの新しい工業デザインの道を切り開いた。このようなプロダクトの登場はデザイン史の大きな転換点であった。伝統的な家具を模した電子機

*4　原注：Gitte Lindgaard, Gary Fernandes, Cathy Dudek, and J. Brown, “Attention Web Designers: You Have 50 Milliseconds to Make a Good First Impression!,” Behaviour & Information Technology 25, no. 2 (2006): 111–26.

*5　訳注：日本では電気シェーバーや電動歯ブラシで有名。

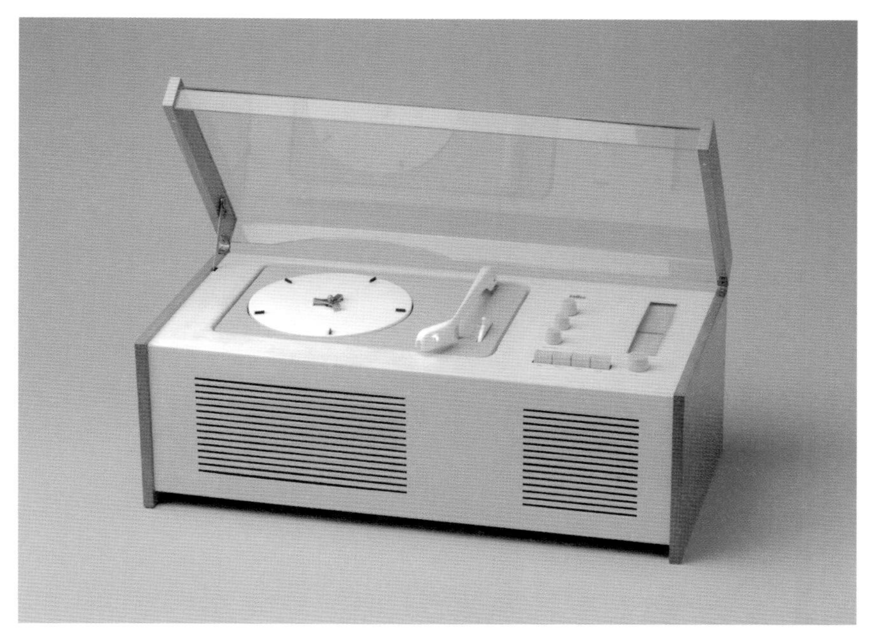

図7-3　ハンス・グジェロとディーター・ラムスによってデザインされたBraunのレコードプレーヤーSK4。出典：MoMA ニューヨーク近代美術館所蔵

器が主流だったところに、電子機器独自の美しさと機能性を**兼ね備えた**あり方を示したのだ。

機能のミニマリズム。洗練された美。Braunの伝統を受け継ぎ、これらを併せ持つブランドを見ていこう。Appleだ。AppleのプロダクトがBraunのデザイン哲学に影響を受けていることは明らかだ。iPod、iPhone、iMacなどのデバイスは、使いやすさを重視しながらも、Braunの製品群からミニマルな美しさを受け継いでいる[図7-4]。

Appleの美しさに対する意識はインダストリアルデザインにとどまらない。Appleというブランドは、エレガントで使いやすいインターフェースを作ることでも知られている[図7-5]。美しさへの評価によってAppleの競争力が高まったことは、優れたデザインがビジネスの成功の基礎とされる新時代の到来を告げた。作るものすべてにおいて細部にまでこだわる、そのことがAppleを世界中で愛されるブランドにした。これらのプロダクトにユーザビリティの問題がないわけではないが、デザインの核となる美しさに目を奪われた人はユーザビリティの問題を気にしなくなりやすい。これは美的ユーザビリティ効果の働きだといえるだろう。

図7-4　Apple iPod（左上）、Apple iPhone（中央上）、Apple iMac（右上）、Braun T3ポケットラジオ（左下）、Braun ET44計算機（中央下）、Braun LE1スピーカー（右下）

図7-5　Appleインターフェースデザイン。出典：Apple、2019年

重要な論点

ユーザビリティテストにおける効果

見た目が美しいデザインは、諸刃の剣だ。人は、美しいものはより良く機能すると考えるため、ユーザビリティの課題に関してはより寛容になりやすい。心理学者のアンドレアス・ソンダーレッガーとユルゲン・ザウアーは、見た目の美しさがユーザビリティテストにどのような影響を与えるかを厳密に観察した*6。携帯電話のシミュレーターを使用して、10代の若者60人にいくつかの単純なタスクを完了するように求めたのだ。機能は同じだが、見た目が全く違う2つのシミュレーターが用意された。左は（当時としては）見た目が素敵で、右は全くそうでないものだ［図7-6］。

図7-6　実験で用いられた2つのプロトタイプ。出典：Sonderegger and Sauer、2010年

ソンダーレッガーとザウアーによれば、被験者が魅力的なほうの携帯電話（左側のモデル）のユーザビリティを高く評価しただけでなく、携帯電話の見た目によって「パフォーマンスにもプラスの効果があり、魅力的なモデルのほうがタスクの完了時間が短縮された」という。この研究が示唆しているのは、美しさがユーザビリティの問題をある程度まで隠蔽しうるということだ。デバイスが実際には使いやすくない場合にもこの効果は生じ、問題点を特定することが重要なユーザビリティテストでは致命的になるおそれがある。

*6　原注：Andreas Sonderegger and Juergen Sauer, “The Influence of Design Aesthetics in Usability Testing: Effects on User Performance and Perceived Usability,” Applied Ergonomics 41, no. 3 (2010): 403–10.

体験のユーザビリティを評価する際には、ユーザビリティの感じ方が見た目によって左右されうることを意識しながら、ユーザーの発言に耳を傾け影響を和らげることが重要だ。また、さらに重要なのはユーザーの行動を観察することだ。そして、参加者が見た目の美しさ以外にも目を向けるような質問を投げかけることでユーザビリティの問題を明らかにし、見た目の魅力でユーザビリティテストの結果が歪んでしまうのを避けられる。

結論

見た目が美しいデザインは、ポジティブな感情的反応を生み出すことでユーザビリティに影響を与え、その結果人々の認知能力を高めることができる。するとユーザーはデザインが本当にうまく機能していると信じこむ傾向にあり、些細なユーザビリティの問題を見落としてしまいやすくなる。これは良いことのように思えるかもしれないが、ユーザビリティテストにおいては、本当のユーザビリティ上の問題を覆い隠し、課題発見を邪魔してしまうおそれもある。

CHAPTER 8

フォン・レストルフ効果

von Restorff Effect

CHAPTER 8 *von Restorff Effect*

フォン・レストルフ効果

似たものが並んでいると、その中で他とは異なるものが記憶に残りやすい。

ポイント

- 重要な情報やアクションを視覚的に目立たせよう。
- 視覚的な要素を強調する際には、互いに競合したり、目立ちすぎて広告だと勘違いされたりしないように抑制をかけよう。
- コントラストを伝えるのを色だけに頼ると、色覚障がい者やロービジョン（弱視者）を排除することにつながる。
- コントラストを伝える上で動きを使用する際には、動きに対し敏感なユーザーに配慮しよう。

概要

何千年もの時を経た進化によって、人類は信じられないほど洗練された視覚と認知処理のシステムを手に入れた。わたしたちは一瞬のうちに対象を識別し、他の生物と比較して優れたパターン処理能力を持ち、対象のわずかな違いを見分ける能力を生まれつき持っている[*1]。これらの特性は、種の生存に欠かせないものだったために今日に至るまでわたしたちの中に引き継がれており、わたしたちの周りの世界をどのように認識し処理するかに影響を与えている。何に注意を向けるかは、わたしたちが達成したい目標だけでは決まらず、本能も影響している。

また、この能力はわたしたちが事物やできごとをどのように変換して記憶し、あとからどのように思い出すかにも関与している。認知によって記憶が上書きされるのだ。興味深いことに、デジタルインターフェースにおいてはコントラストの強い

---

*1　原注：Mark P. Mattson, “Superior Pattern Processing Is the Essence of the Evolved Human Brain,” Frontiers in Neuroscience 8(2014): 265.

要素のほうがよりすばやく注意を引きつける傾向にある。そこでデザイナーとしてわたしたちがまず直面する課題は、ユーザーを目標達成に導くために、視線をいかにうまく誘導するかということだ。視覚的に強調すれば、ユーザーの注意を引きつけてゴールへと導ける。しかし一方で視覚的に強調するポイントが多すぎると、互いに競合してしまい必要な情報を見つけにくくなってしまう。色、形、大きさ、位置、動きなどはユーザーの注意を誘導するための要素であり、インターフェースを構築する際にはそれぞれの要素を慎重に考慮しなければならないのだ。

起源

フォン・レストルフ効果は、ドイツの精神科医・小児科医のヘドウィグ・フォン・レストルフにちなんで名付けられたものだ。彼女は1933年の研究において、分類として近い項目が並ぶリストを渡された被験者が、明らかに他と異なる項目ほどよく記憶している様子を、孤立効果の概念を用いて説明した*2。言い換えれば、他の項目からは視覚的、もしくは概念的に孤立している項目があると記憶しやすくなるのだ。孤立効果が記憶に与える影響について調べたのは彼女が最初ではなかったが、のちに孤立効果はフォン・レストルフの名前と弁別性の研究に密接に結びつけられるようになった。彼女の最初の調査結果は後になって、シェリー・テイラーとスーザン・フィスクなどの研究（Shelley Taylor and Susan Fiske, 1978）によって裏付けられていった。これらの研究は、他とは違う、目新しい、驚くべき、あるいは際立った刺激が人を引きつけることを示している*3。

*2 原注：Hedwig von Restorff, “Über die Wirkung von Bereichsbildungen im Spurenfeld,” Psychologische Forschung 18 (1933): 299–342.

*3 原注：Shelley E. Taylor and Susan T. Fiske, “Salience, Attention, and Attribution: Top of the Head Phenomena,” in Advances in Experimental Social Psychology, vol. 11, ed. Leonard Berkowitz (New York: Academic Press, 1978), 249–88.

心理学上の概念

選択的注意、バナーブラインドネス、チェンジブラインドネス

平たくいうと、人間はありとあらゆるものに注意を奪われている。わたしたちは四六時中、知覚情報にさらされている。車を運転しているとき、仕事をしているとき、社交行事に参加しているとき、あるいは単にオンラインで買い物をしているときでも、ほとんどの人が自分の注意を妨げる多数のシグナルを受け取っている。

わたしたちは、視野の中にあるものすべてをいつも**見ている**わけではない。何に注意を向けているかによって、わたしたちが周りの世界をどう把握するかが変わってしまうからだ。重要もしくは目下抱えている仕事に関連する情報に集中するために、わたしたちは関係ない情報をしばしば無視する。つまり周囲への集中力のキャパシティと持続時間の制約から、関連性のない情報を犠牲にして関連する情報に集中するのだ。これは認知心理学では**選択的注意**として知られている生存本能であり、人間が周囲の世界を認識する方法にとどまらず、生死を分ける危機的な瞬間の感覚情報を処理する方法においても重要である。

第4章でミラーの法則と短期記憶の能力について見たように、注意力もまた限られたリソースだ。記憶と注意力の概念には様々な整理の仕方があるが、心理学の世界では、ワーキングメモリが注意力と密接に関連していることが大枠で合意されている[*4]。特にデジタルのプロダクトやサービスにおいてこれは重要な意味を持つ。なぜなら、人が対話するインターフェースは人の注意を適切に導き、ユーザーが困惑したり気が散ったりせずに関連する情報を見つけて作業できるようにしなければならないからだ。

デジタルインターフェースでよく見られる選択的注意の一例として、**バナーブラインドネス**と呼ばれるユーザー行動がある。バナーブラインドネスとは、広告だと認識されたものが無視される性向のことで、30年以上にわたって事実として記録されてきた強固でゆるぎない現象だ[*5]。人間の注意力が限られていることを踏まえ

*4　原注：Klaus Oberauer, “Working Memory and Attention—A Conceptual Analysis and Review,” Journal of Cognition 2, no. 1 (2019): 36.

*5　原注：Kara Pernice, “Banner Blindness Revisited: Users Dodge Ads on Mobile and Desktop,” Nielsen Norman Group, April 22, 2018, https://www.nngroup.com/articles/banner-blindness-old-and-new-findings/

ると、バナーブラインドネスのように、有用とみなされないもの（例えばデジタル広告）はすべて無視するというのは理にかなっている。その代わり人は自分の目標達成に役立つもの、特にナビゲーション、検索バー、見出し、リンク、ボタンなどのデザインパターンを探す傾向がある（ヤコブの法則が示すように、人は無意識的にこれらの要素がよくある場所にまず目を向けるだろう）。真っ当なコンテンツであっても、遠目に見ると広告に似ていたり、広告の近くにある場合は無視されたりすることがある。そのため、コンテンツを視覚的に差別化する際にはうっかり広告と間違われてしまわないよう意識しておいたほうが良いだろう。

バナーブラインドネスに関連しているのが、チェンジブラインドネスだ。これは、十分に視覚的な手がかりがなかったり、注意が他の場所に集中していたりすると、重要な変化に気づかない傾向のことである。わたしたちの注意力は限られたリソースであるため、タスクを効率的に完了させるために、無関係だと思われる情報を無視してしまうことがよくある。最も際立って見えるものに集中しているため、よその大きな違いさえも見落としてしまうことがある。もしプロダクトやサービスのインターフェースが変更されたことをユーザーに知らせることが重要ならば、ユーザーの注意がそこに向くように気を配る必要がある。

事例

ご想像の通りフォン・レストルフ効果の例はあらゆるデジタルプロダクトやサービスに見られるが、中には抜きん出てうまく利用している例もある。特定の要素やコンテンツを視覚的に区別することはデザインにおいて常に必要とされる。このテクニックを控えめかつ戦略的に利用すればコントラストが生まれ、それによって人々の注意を引きつけ、最も価値ある情報に誘導できる。

フォン・レストルフ効果のわかりやすい例は、ボタンやテキストリンクなどのインタラクティブな要素のデザインに見られる。これらの要素を視覚的に際立たせることは、人々の注意を引きつけ、何ができるかを知らせることで、ユーザーがタスクを完了するように誘導し、意図しないアクションをとらないようにするのに役立つ。［図8-1］の例を見てみよう。２通りの確認モーダルを例として示している。左側のモーダルでは視覚的なコントラストが不足しているため、うっかり間違ったアクションを選択してしまう可能性がある。右側のモーダルは取り返しのつかないアクションを視覚的に強調することで、アカウントを削除したいユーザーを正しい選択肢に誘導し、さらにアカウントを削除するつもりのないユーザーがうっかり誤選択してしまうのを防いでいる。さらに安全性を高めるために、右側のモーダルはヘッダーに警告アイコンを置いており、モーダル内のコンテンツの重要性を伝え、注意を喚起している。

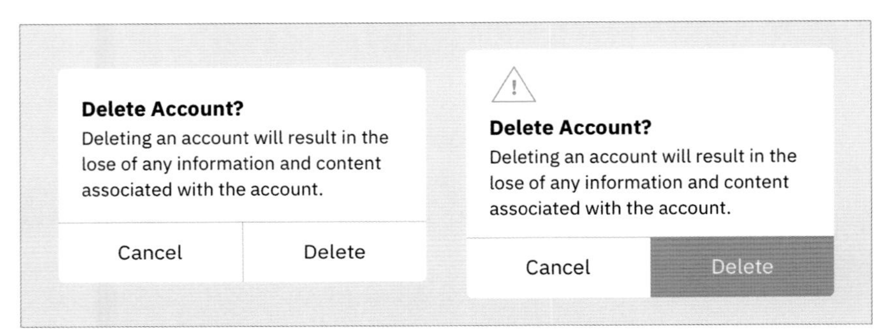

図8-1　ユーザーの目を重要なアクションに引きよせ、うっかり間違った選択肢を選ばないようコントラストを用いた事例

ボタンの例をさらに一歩進めて、単なる色遣いだけでなくインターフェースを用いてコントラストを作り出した事例を見てみよう。Googleのマテリアルデザイン[図8-2]で紹介されているフローティングアクションボタン（FAB）というデザインパターンは、Googleによれば「画面上の主要な、または最も一般的なアクションを実行する」ものだ。Googleは、この要素のデザイン、画面上の配置、実行するアクションの種類についてのガイドラインを提供し、様々なプロダクトやサービス間での一貫性を担保している。その結果、この要素は人々が理解しやすい身近なパターンとなり、ユーザーの体験を導くのに役立っている（これはヤコブの法則の一例でもある）。

フォン・レストルフ効果のもう1つのわかりやすい例は、価格表によく見られる。サブスクリプション（定額制）プランは、わたしたちが利用する多くのサービスで用意されているが、多くの場合企業はある特定のプランを他よりも強調する。そのためにデザイナーがよくやるのは、強調したいプランを際立たせるために、視覚的な手がかりを加えることだ。例えば、Dropboxの場合、「Advanced」プランを強

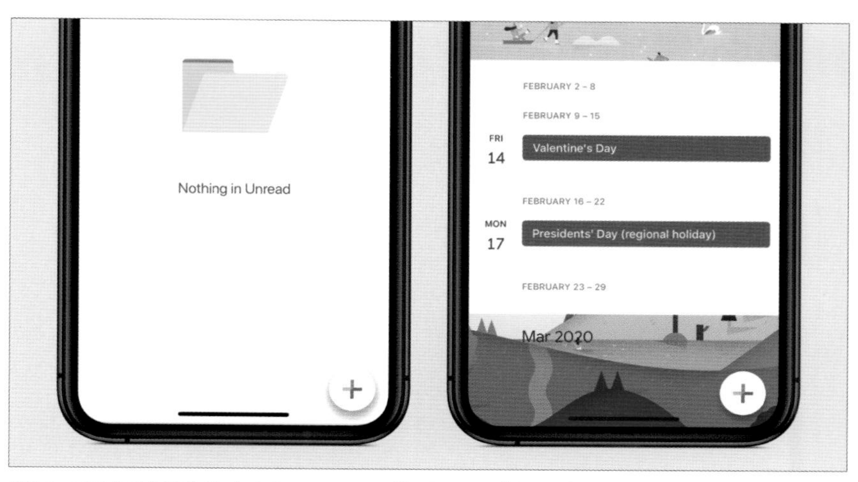

図8-2　マテリアルデザインによるフローティングアクションボタンの例。出典：GmailとGoogleカレンダー、2019年

調するために、色（「30日間無料トライアル（Try free for 30 days）」ボタンにアクセントカラーを適用する）、形（上部の「もっともお得（Best value）」と書かれた要素によりカードが少し大きく見える）、位置（画面の中央にカードを配置）をうまく使っている［図8-3］。

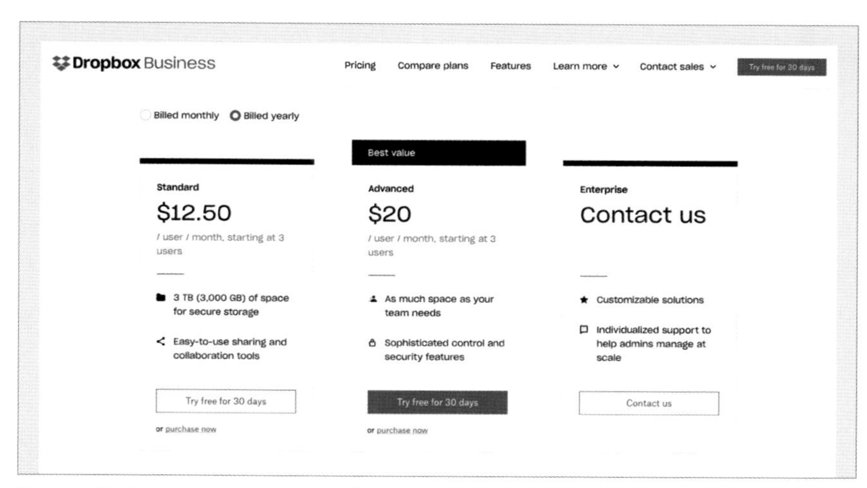

図8-3　価格表におけるフォン・レストルフ効果の例。出典：Dropbox、2019年

フォン・レストルフ効果は、わたしたちの注意を引きつけることを意図したデザイン要素にも見られる。例として、ユーザーに行動を起こしてもらうための伝達手段として利用されるアプリの通知マークを見てみよう［図8-4］。このデザイン要素は、ほとんどすべてのアプリやサービスに見られるありふれたもので、良くも悪くもわたしたちの注意を引くようにデザインされている。

図8-4　フォン・レストルフ効果を採用して通知に注意を呼びかける。出典：iOS、2019年

フォン・レストルフ効果の背後にある考え方を拡張すると、個々の要素にとどまらないデザインにも適用できる。例えばニュースサイトを見てみよう。ニュースサイトでは、他の多くの見出しや画像、広告などよりも目立つように特集コンテンツを強調している［図8-5］。これらのサイトで一貫して見られるパターンとして、特集コンテンツと隣接するコンテンツの間にコントラストをつけるために記事枠の大きさの違いを利用していることに気づくだろう。間隔の揃ったコンテンツからはみ出した情報に読者の注意は引き寄せられる。

これらの例が示すように視覚的なコントラストは様々なやり方で作り出せる。色遣いは要素を際立たせるありふれた方法だが、他にも大きさ、形、余白、動きを用いることでも、特定の要素やコンテンツを隣り合う情報よりも際立たせられる。

図8-5　ニュースサイトでは、特集された見出しを強調するために大きさを使用することが多い。出典：(左上から時計回りに) Bloomberg、ProPublica、New York Times、Boston Globe、2019年

重要な論点

モデレーション[*6]とアクセシビリティ

フォン・レストルフ効果をデザインに適用する際に考慮すべき重要なことがある。まずコントラストをいつどのくらいの頻度で作るべきか。この効果は狙いを持って使うべきであり、使いすぎてはいけない。コントラストがないのも良くないが、コントラストが多すぎるのはもっとまずい。コントラストが多すぎると、本来目立たせたい要素やコンテンツの力を弱めるだけでなく、見た目で人々を圧倒してしまうだろう。視覚的な要素を強調する際には、互いに競合しないように自制心を働かせるのが賢明といえる。

バナーブラインドネスやチェンジブラインドネスといった要因を考慮すると、やりすぎないことの大切さがより明らかになる。コンテンツを強調して広告と誤認されると、無視されやすくなってしまう。また、あまりにも多くの項目が強調されている場合、人々は重要な情報や変化に気づきにくくなってしまう。彼らは気が散ってしまうか、自動的に「ノイズ」を遮断してしまうだろう。

＊6　訳注：極端なものを排除したり、減らしたりすること。ここではコンテンツの強弱を適切な範囲にコントロールすることを指している。

次に考慮すべき点は、アクセシビリティだ。どのような視覚的な特性を使ってコントラストを作り出しているのか、またそれらが様々な人に対しどう影響するかを認識しておくことが非常に重要だ。例えば特定の色の濃淡を区別することができない（場合によっては全く色が識別できない）色覚障がい者を例に挙げてみよう。このようなユーザーにとって視覚的なコントラストを伝えるために色だけに頼るのは問題があり、理想的なユーザー体験が得られないことになる。さらに、白内障などの視覚障害は、細部や差異の知覚に影響を与え、要素間の微妙な違いを見落としやすくしてしまうだろう。これらの考慮に加えて、特定の色が見えにくい人や視覚障害によって視力が落ちている人のためにも、前面と背面の間に十分な色のコントラストを確保することが重要だ。

動きを用いてコントラストを提供する場合もある。その時は、前庭障害*7をはじめ、内耳や脳とつながったシステムに疾患や損傷があり、バランスや眼球運動の制御に関わる感覚情報の処理に障害があるユーザーにどのような影響を与えるかを考慮することが重要だ。例えば、良性発作性頭位めまい（BPPV）*8や内耳炎の患者にとっては動きがめまい、吐き気、頭痛、またはそれ以上の症状の引き金になることがある。さらにてんかんや偏頭痛に敏感な人にも動きが影響を与える可能性がある。動きに敏感なユーザーが悪影響を受けないようにするためには、動きをいつどのように使うかを慎重に検討してデザインしなければならない。

---

*7　訳注：前庭障害とは目や頭の位置を正常に保持するための「前庭系」に異常が生じ、首が傾いた状態のまま戻らない（斜頸）、旋回や眼振（目が揺れる）などの症状を示す疾患。

*8　訳注：内耳の耳石器という部分にある、耳石という炭酸カルシウムの塊が何らかの原因で剥がれ落ち、三半規管の中に入り込むことでめまいを生じる病気。

結論

フォン・レストルフ効果は、コントラストを用いて最も重要なコンテンツに人の注意を向けるための強力なガイドラインとなる。これは影響が大きい、もしくは重要なアクションや情報を強調するデザインの意図を伝えたいときや、プロダクトやサービスのユーザーが目的を果たすために必要なものを素早く識別できているかどうかを確かめたいときに役立つだろう。コントラストは抑えながら用いないと、懸念材料になることがある。デザイナーが視覚的に要素を際立たせると、ユーザーの注意を引く効果がある。ただし、あまりにも多くの要素が視覚的に競合しあうとその力は薄れ、他の要素の中に埋もれてしまう。さらに、コントラストを作るために使用する視覚的な特性が視覚障がい者にどのように認識されるのか、また動きに敏感な人にどのような影響を与えるのかにも注意が必要である。

CHAPTER 9
テスラーの法則
Tesler's Law

CHAPTER *Tesler's Law*

9 テスラーの法則

どんなシステムにも、それ以上減らすことのできない複雑さがある。複雑性保存の法則ともいう。

ポイント

- どんなプロセスも、その核となる部分にはデザインの工夫をもってしても取り除くことのできない複雑性を抱えている。この複雑性による負荷を負うのは、システムかユーザーだ。
- この固有の複雑性をデザインと開発の過程でどうにかしながら、できる限りユーザーの負荷を減らそう。
- シンプルにしすぎてインターフェースが抽象的になりすぎていないかを気にしよう。

概要

アプリケーションやプロセスが抱える複雑性による負荷は、誰が負うべきなのだろうか。ユーザーもしくはデザイナー、それとも開発者だろうか。これはユーザーインターフェースデザインの、もっと広くいえば、人と技術の関わりについての基本的な問いかけである。デザイナーの使命は、関わるプロダクトやサービスを利用する人々のために複雑性を減らすことだ。しかし、どんなプロセスにも固有の複雑性というものがあり、これ以上減らせずどこかにしわ寄せするしかなくなるときが必ずやってくる。つまり、ユーザーインターフェースが複雑になるか、デザイナーやエンジニアの仕事が複雑になるか、のどちらかである。

起源

テスラーの法則の起源は1980年代中盤にさかのぼる。ゼロックスパロアルト研究所の計算機科学者だったラリー・テスラーは、デスクトップとデスクトップパブリッシング（DTP）の開発の鍵となる、対話型システムの構造と動作を定義する一連の原則、規格、そして対話型デザイン言語の開発に関わっていた*1。彼はユーザーとアプリケーションがどのようにやり取りするかがアプリケーションそのものと同じくらい重要であると見抜いていた。そのため、アプリケーションとユーザーインターフェースそれぞれの複雑性を減らすことがどちらも重要だと考えていた。しかし、どのようなアプリケーションやプロセスにも、取り除くことも隠すこともできない固有の複雑性があると気づいた。この複雑性は、開発（ひいてはデザイン）とユーザーインタラクション、いずれかで対処する必要がある。

事例

テスラーの法則を示すよくある事例として、簡素なEメール送信を考えてみよう。メールには、差出人と宛先の2つの情報が必要だ。どちらが欠けてもEメールを送ることはできないため、これらは必要不可欠な複雑性である。この複雑性を減らすため、最近のメールアプリでは2つのことが行われている。差出人を事前に入力しておくことと（あなたのメールアドレスを知っているのでできる）、そして宛先の入力開始時に、過去のメールやあなたの連絡帳から宛先の候補を予測することだ［図9-1］。複雑性が消えてなくなったわけではない。ただ、ユーザーの負荷を減らすためにそっと取り分けられただけだ。つまり、差出人と宛先のアドレス入力という複雑性を、ユーザーの代わりに引き受けるようなメールアプリをデザイン・実装することで、メールを書く体験を少しだけ楽にしているということだ。

さらに一歩進んで、Gmailでは人工知能（AI）をメール内で活用しスマート作成という機能を提供するようになった［図9-2］。この賢い機能は入力内容を読み取って文章を仕上げるための単語やフレーズを提案してくれる。これで入力の手間と時間を節約できる。ちなみに、スマート作成はGmail初のAIによる時間短縮機能というわけではない。Eメールの文脈を読み取り、いくつかの関連する返信内容候補を素早く提示してくれるスマート返信という機能もある。

*1　訳注：ラリー・テスラーはコピー、カット、ペーストの発明で知られる。

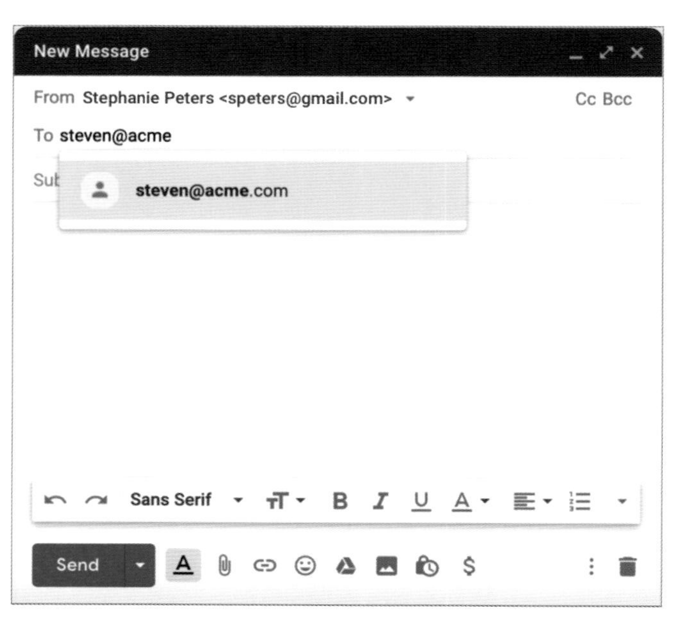

図9-1　最新のメールアプリは、差出人を自動的に入力し、過去のメールに基づいて「宛先」をサジェストすることで複雑性を軽減している。出典：Gmail、2019年

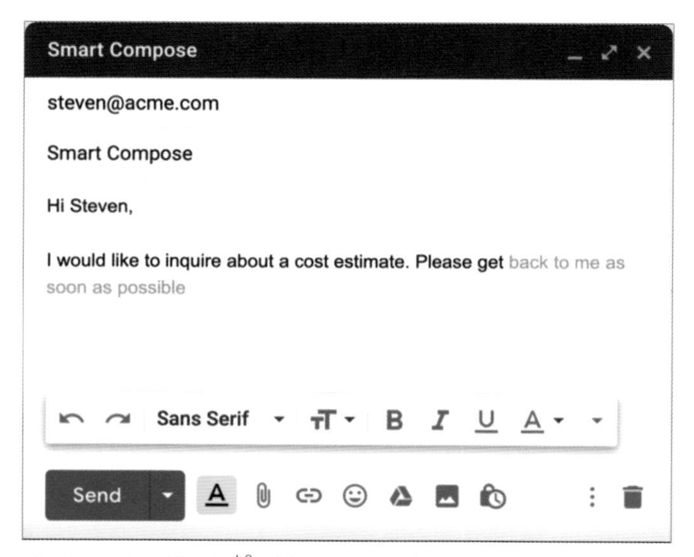

図9-2　Gmailのスマート作成機能の例*2。出典：Gmail、2019年

---

*2　訳注：日本語で表すならば、「コストのお見積もりを頂きたいです。おへ」まで入力したタイミングで続きの「お返事をすぐに私宛にください。」という文までスマート作成機能により予測がされている。

他にもテスラーの法則がよく見られる例が、ECサイトならどこにでもある決済プロセスだ。オンラインで買い物する際にユーザーは支払い方法や配送先情報など、多くの情報を何度も入力しなければいけない。このプロセスをシンプルにするために、オンラインストアではユーザーが配送先住所の情報を請求先住所から引き継げるようにしている［図9-3］。引き継ぐことを選択すると、配送先住所に同じ情報を入力する手間がなくなるため、大半の決済はシンプルになる。結果としてユーザー体験もシンプルになる一方で、裏では機能を実装するデザイナーや開発者が代わりに複雑性を担っているのだ。

Apple Pay［図9-4］のようなサービスでは決済プロセスのシンプル化をさらに進めており、オンラインでも対面でも決済が簡単にできてしまう。Apple Payもしくは類似のペイメントサービスに一度アカウントを設定しておけば、支払い方法を選んで購入明細を承認するだけで商品を購入できる。この事例でも、サービスの責任を担うデザイナーと開発者が複雑性を引き受けることで、ユーザー体験は劇的にシンプルになる。

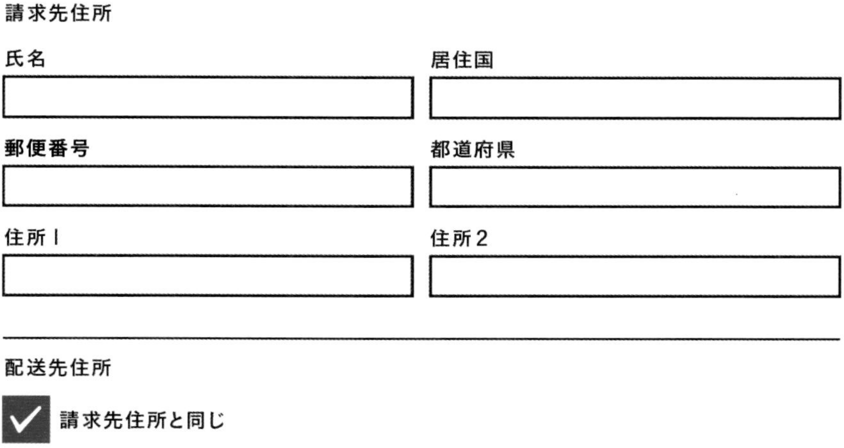

請求先住所

氏名　居住国

郵便番号　都道府県

住所1　住所2

配送先住所

請求先住所と同じ

図9-3　eコマースの決済で請求先住所から配送先住所を引き継ぐ機能により、プロセスがシンプルになり、同じ情報を何度も入力しなくてもよくなる。

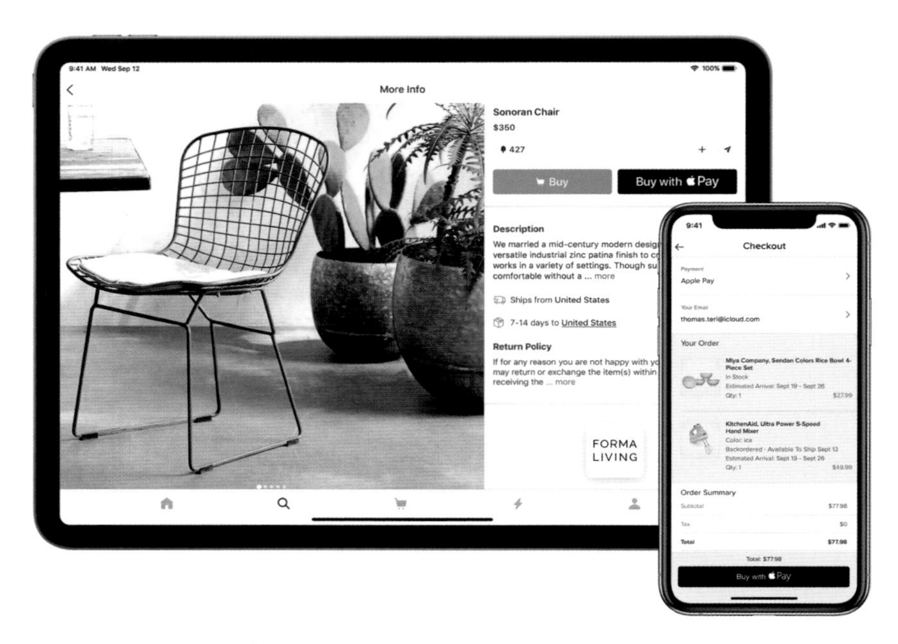

図9-4　Apple Payを使えば、支払い方法を選択して購入商品を確認するだけで簡単に決済できる。出典：Apple、2019年

小売業ではユーザーから複雑性を取り除くことに成功した革新的な方法が数多く見つかる。例えば、Amazonが運営する食料品店Amazon Goストア[図9-5]では、会計いらずの買い物体験を提供している。最初はシアトルのダウンタウンでの実験として登場したが、現在では全米の主要な都市に展開している。スマートフォンにAmazon Goアプリをインストールしたユーザーは、アプリを使って店にチェックインし、必要なものを手に取りながら進んで店を出るだけで、行列に並んだり、商品をスキャンしたり、それどころか店内でお金を払ったりする必要もない。ちょっとしてからユーザーにレシートが届き、Amazonのアカウントに課金される。

図9-5　シアトルにあるAmazon Go 1号店。出典：Wikipedia、2019年（写真提供：Brianc333a）

Amazon Goの店舗で見られるような会計なしの買い物体験の実現には、驚くほど多くのテクノロジーが必要となる。ただ店に入り、商品を手に取って出て行けるようにする。これだけのために機械学習、コンピュータービジョン、AIなどの高度な技術が、深く統合されていなければならない。ユーザーにとっての買い物の摩擦は劇的に軽減される一方、伴ってやってくる複雑性はデザイナーや開発者が吸収し、すべてがうまく機能するようにしなければならないのだ。

重要な論点

シンプルにしすぎて抽象的になってしまうとき

デザイナーにとって大切なゴールは、プロダクトやサービスの使い手にとって不要な複雑さをなくすこと、つまりすっきりとしたシンプルさを実現することだ。ユーザー体験は直感的で簡単に感じられ、そして目標の達成を邪魔するものがなければなおよいとされる。しかし、シンプルさを追求する上ではバランスを取る必要があり、やりすぎないことも大切だ。インターフェースをシンプルにしすぎて抽象的な表現になってしまうと、ユーザーが意思決定するのに十分な情報が得られなくなってしまう。つまり、インターフェースをシンプルに見せようとして視覚的な情報量を減らしすぎてしまうと、求めている情報やプロセスへ案内してくれる手がかりが足りなくなってしまう、ということだ。

例えば、アイコンを考えてみよう。テキストラベルよりも省スペースで視覚的な情報を伝えられるアイコンは、インターフェースをシンプルにするが曖昧さの原因となることもある［図9-6］。特に、アイコンにテキストラベルがついておらず、解釈がユーザーに委ねられている場合にはそうなりやすい。一部の例外を除いて、アイコンが地域や世代を超えて共通の意味を持つことはほとんどなく、相手によって違うことを意味してしまう。さらに言えば、ある動作を表すアイコンが別のプロダクトでも同じ動作を表すとは限らない、という曖昧さもある。明確な意味を伝えていない、もしくは動作が一貫していない、そんなアイコンを使うと視覚的なノイズとなって作業を邪魔してしまうだろう。

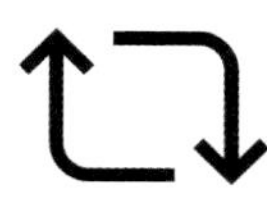

図9-6　アイコンは人によって異なる意味を持つことがある

結論

デザイナーにとって、テスラーの法則は金言だ。デザイナーが仕事全体を通して直面する基本的な問題につながっている。デザインの結果、どれだけプロセスがシンプルにできたとしても、プロセス全体としてはどこかに取り除けない固有の複雑性が存在していることを認識しなければならない。簡素なEメールから高度に洗練された決済プロセスまで、すべてのものには固有の複雑性があり、なんとか対処しなければならない。わたしたちデザイナーは、この固有の複雑性をインターフェースから取り除く責任がある。そうしないと、その複雑性をユーザーに押し付けることになってしまい、結果として、混乱、イライラを招き、悪いユーザー体験につながる。可能な限り、デザイナーや開発者が複雑さを引き受けよう。ただし、シンプルにしすぎて抽象的にならないように気をつけよう。

CHAPTER 10

ドハティのしきい値

Doherty Threshold

CHAPTER 10 *Doherty Threshold*

ドハティのしきい値

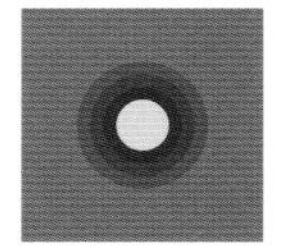

応答が0.4秒以内のとき、コンピューターとユーザーの双方がもっとも生産的になる。

ポイント

- 0.4秒以内にフィードバックを行うことで、ユーザーの注意を引きつけ、生産性を高めよう。
- 体感性能を改善し、感じられる待ち時間を減らそう。
- アニメーションをいれることで、バックグラウンドで読み込みや処理が行われている間も、ユーザーをつなぎとめられる。
- プログレスバーは、正確であってもなくても待ち時間へのいらだちを和らげる。
- ほとんど処理時間がかかっていない場合でも、意図的に遅延させることで体感性能が改善して信頼感の醸成につながる。

概要

システムのパフォーマンス（応答時間）は優れたユーザー体験を届ける上で欠かせない。タスク実行時に処理速度の低下やフィードバックの欠如、あるいは過度に長い読み込み時間を体験したユーザーはすぐに苛立ちを募らせ、そのネガティブな印象は長い期間残ってしまう。パフォーマンスは単に技術屋の頑張りどころとしてデザインには関係ないと見過ごされることが多いが、優れたユーザー体験の核となる本質的な要素として捉えられるべきだ。プロダクトやサービスの最初の画面表示にかかる時間をいかに減らすか、ユーザーの入力への反応とそれに対するフィードバックをいかに速く返すか、後続ページをいかに速く読み込むかなど、システムの応答時間は全体的なユーザー体験の鍵となる。

ウェブサイトやアプリのパフォーマンスに影響を与える要素はいくつかあるが、その中で最も重要な要素はページ容量だ。残念なことに、ウェブ上の平均的なページ容量は長年に渡って指数関数的に増えてきている。HTTP Archiveによると、

2019年におけるデスクトップ向けのページ容量の平均は2MBに迫る勢い（1940KB）であり、モバイル向けページでも約1.7MB（1745KB）もある。これは2010〜11年における平均ページ容量（デスクトップが609KB、モバイルが262KB）をはるかに上回る［図10-1］。

合計キロバイト数
Total Kilobytes
中央値（デスクトップ）
MEDIAN DESKTOP
608.7 KB
▲30.1%
中央値（モバイル）
MEDIAN MOBILE
261.7 KB
▲80.7%
NOV 2010–NOV 2011
2010年11月–2011年11月

Total Kilobytes
MEDIAN DESKTOP
1939.5 KB
▲5.6%
MEDIAN MOBILE
1745.0 KB
▲4.5%
JAN 2019–SEP 2019
2019年1月–2019年9月

図10-1　平均ページ容量は毎年増えている。出典：HTTP Archive、2019年

　ということは、待ち時間が増えているということだが、当然のことながらそれはユーザーがタスクを完了させる上で望ましいものではない。待ち時間が増えれば増えるほど、ユーザーは苛立ちを募らせ、実行中のタスクを放棄してしまいやすくなるということは、数え切れないほどの研究によって証明されている。

　さらに、システムによる応答時間の遅れは利用者の生産性低下につながる。人は0.1秒程度の応答時間であればほとんど気づかない。しかし0.1〜0.3秒の遅延になると目につくようになり、同時にタスクをコントロールできていないと感じ始める。ひとたび遅延が1秒を超えるとユーザーはタスク以外のことを考え始める。注意は散漫になり、タスクを実行する上での重要な情報はユーザーの頭から抜け落ちる。そして生産性の低下が決定的になる。結果としてタスクを続けるための認知的負荷が高まり、全体としてユーザー体験が損なわれてしまうのだ。

起源

デスクトップ時代初期においては、コンピューターがタスクを実行して応答するまでの時間として許容されるしきい値は2秒、というのが基準として広く受け入れられていた。その間にユーザーは次のタスクを考えておくことができるから、というのがその理由だ。1982年、2人のIBM社員がこの基準に異議を唱える論文を提出した。その論文には、応答時間が0.4秒未満になると「応答時間の減少により生産性が劇的に向上する」と書かれていた[*1]。さらに著者たちは「コンピューターもユーザーもお互いを待たせることのないペースでやり取りするときに最も生産性が高まる。コンピューターで作業が行われるコストは劇的に下がり、ユーザーは自分の仕事に最も満足を覚え、仕事の質も改善される傾向にある」と主張した。これは応答時間によって生産性が非連続的に変化することを観察によって発見したドハティ（この論文の著者の1人）の名前にちなみ、ドハティのしきい値として知られる新しい基準となった。

事例

もちろん、ドハティのしきい値で規定された時間（0.4秒以内）よりも処理時間が長くかかり、簡単には短縮できないケースもあるだろう。しかし、バックグラウンドで必要な処理が走っているあいだ、タイムリーに何らかのフィードバックを返すことはできるだろう。このテクニックはウェブサイトあるいはアプリが実際よりも速く動いていると認識させるために役立つ。

Facebookのようなプラットフォーマーが使うテクニックの一例として、コンテンツを読み込んでいるときに、スケルトンスクリーンを表示しておくというものがある。このテクニックでは、ページを読み込み始めるとすぐにプレースホルダーブロックをコンテンツの表示領域に表示することで、サイトの読み込みを速く見せている。実際の文章や画像が読み込まれるとすぐにそれらのブロックと入れ替わる。これにより待たされているという印象が和らぎ、実際の読み込みが遅いときでさえも、速さや軽さを感じさせることができる。さらに、スケルトンスクリーンが各要素の表示領域を事前に確保することにより、読み込まれる際に画面がガタつく不快感や混乱を防ぐ。

＊1　原注：Walter J. Doherty and Ahrvind J. Thadani, "The Economic Value of Rapid Response Time," IBM technical report GE20-0752-0, November 1982

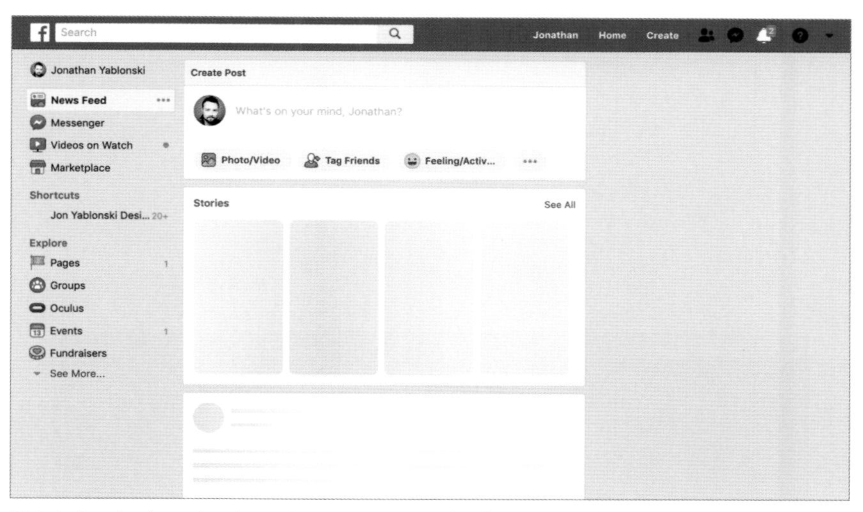

図10-2 Facebookのスケルトンスクリーンはサイトを速く表示することに役立っている。出典：Facebook.com、2019年

読み込み時間を最適化する他の方法としては、「ブラーアップ」と呼ばれるテクニックが知られている。この手法はウェブでもネイティブアプリでも読み込み時間をとてつもなく長くする元凶となっている画像に特化した対処法だ。最初に極小サイズの画像を読み込んでおき、より大きな画像が読み込まれたらそれを置き換えていくというものだ。解像度の低い画像を拡大する際に、あからさまなピクセレーション（個々のピクセルが目立ってしまう状態）とノイズを防ぐため、ガウスぼかしを適用する［図10-3］。そして、高解像度画像を読み込むとすぐに低解像度画像の背後に配置し、低解像度画像をフェードアウトさせて高解像度画像を最上面に表示する。このテクニックはコンテンツよりもパフォーマンスを優先することで読み込み時間を速めるだけでなく、フルサイズ画像のための表示領域を確保しておくことで高解像度画像が完全に読み込まれたときに画面ががたつくのを防ぐ。

図10-3 Mediumはブラーアップを高速な画面表示のために利用している。出典：Medium.com、2019年

アニメーションを活用すれば、バックグラウンドで読み込みや処理が行われている間も、ユーザーを視覚でつなぎとめられる。身近な例としては、パーセンテージ表示で進捗を表すインジケーター、いわゆるプログレスバーが挙げられるだろう。ある研究によると、進捗表示の正確さに関係なく、単純にプログレスバーを表示するだけでユーザーはより辛抱強く待つようになる*2。このシンプルなUIパターンは次のような理由から効果的だ。

- 処理が進んでいることが伝わると、人は安心感を覚える
- 待たせている間も、興味を失わず見続けてもらえる
- プログレスバーの動きを意識すると、待っているということを忘れ、体感の待ち時間が減る

*2 原注：Brad A. Myers, "The Importance of Percent-Done Progress Indicators for Computer-Human Interfaces," in CHI '85: Proceedings of the SIGCHI Conference on Human Factors in Computing Systems (New York: Association for Computing Machinery, 1985), 11-17.

必要な処理やそれによる待ち時間のすべてを無くすことはできないが、視覚的なフィードバックによってユーザーに気持ちよく待ってもらえるような工夫はできる。

アニメーションを活用して待ち時間に伴う不安や苛立ちを抑えている例として、Googleの有名なメールクライアントであるGmailを挙げることができる［図10-4］。アプリが読み込みを行っている間、動くロゴとシンプルなプログレスバーを組み合わせて起動中画面に表示している。このシンプルだが目を引くアニメーションによって待ち時間を短く感じる効果が生まれ、アプリがちゃんと起動しつつあることを伝え、全体的なユーザー体験を改善している。

図10-4 Gmailは体感の待ち時間を減らすため、シンプルだが目を引くアニメーションを活用している。出典：Gmail、2020年

ユーザーの注意を目前のタスクに引きつけておけるのは10秒が限界とされる。これを超えると、ユーザーは待っている間に他のタスクに取り掛かりたくなってしまうだろう*3。待ち時間が10秒の上限を超える場合には、プログレスバーだけでなく、完了までの予想時間や進行中の表記も加えよう。この情報によってユーザーはあとどのくらい待つべきかがわかり、その時間を他の作業に有効活用できる。例として、アップデート中に表示されるAppleのインストール画面［図10-5］が挙げられる。

*3 原注：Robert B. Miller, “Response Time in Man-Computer Conversational Transactions” in Proceedings of the December 9-11, 1968, Fall Joint Computer Conference, Part I, vol. 33 (New York: Association for Computing Machinery, 1968), 267–77.

図10-5 Appleは、アップデートのプログレスバーに完了までの予想時間を添えて表示している。出典：Apple macOS、2019年

体感性能を改善するテクニックとして、**楽観的UI**(optimistic UI)が挙げられる。処理が完了してはじめてフィードバックを返すのではなく、処理が進んでいる最中にアクションが成功したという楽観的なフィードバックを提示する手法である。Instagramを例に挙げると、写真にコメントすると、アップロードが完了する前に画面に表示される[図10-6]。こうすることで、アプリの応答時間を実際よりも速く見せられる。具体的には、コメントの投稿が成功したことを伝える視覚的なフィードバックを即座に返しておき、そのアクションが実際に成功しなかった場合にのみ事後的にエラーを表示する。必要な処理は終わっていないにもかかわらず、アプリのパフォーマンスに対するユーザーの認識はよくなる。

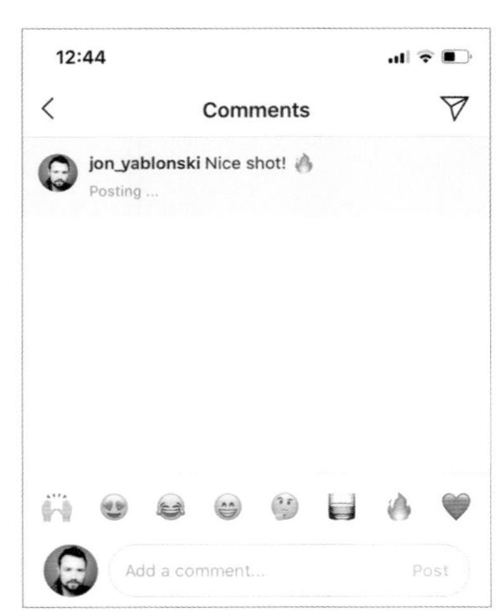

図10-6

Instagramは体感性能の改善のために、投稿が完了する前から楽観的なコメントを表示している。出典：Instagram、2019年

重要な論点

短すぎる応答時間

応答時間をめぐる問題のほとんどは「遅すぎる」ということに尽きる。一方で直感に反するようではあるが、**速すぎる**応答時間についても考慮が必要な場合がある。システムの応答時間がユーザーの想定よりも速い場合、いくつかの問題が発生する可能性があるのだ。はじめに、変化が少し速かっただけで完全に見過ごされる可能性がある。これは変化がユーザーによって行われたアクションの結果でなく、自動的に発生した場合に特に当てはまる。応答時間が早すぎる場合に起こりうるもう1つの問題は、変化が速すぎて十分に認知する時間が確保できなかったために、何が起こったのかをユーザーが理解できなくなることだ。「このタスクならこのくらい時間がかかるだろう」というユーザーの予想に反して応答時間が短すぎる場合、不信感につながることもある。実際にはそれほど時間がかからない処理であっても、意図的に遅延させることによって価値あるように感じさせ、信頼感を醸成できる。例えば、Facebookのセキュリティチェックプロセス[図10-7]では、セキュリティの脆弱性の可能性があるアカウントをスキャンする。Facebookはこの機会を使って、何がスキャンされているのかをユーザーに知ってもらおうとしており、また、敢えて時間をかけることで徹底的にスキャンされているという信頼感の醸成も狙っている。

図10-7 Facebookのセキュリティチェックプロセスでは、セキュリティ脆弱性のスキャンプロセスにおいて、実際に必要な時間よりも延長することで学習の機会を提供している。出典：Facebook、2019年

結論

パフォーマンスは単にエンジニアが取り組むべき技術的な課題ではなく、デザインの本質的要素だ。プロダクトやサービスを利用している人が可能な限り速く、そして効率的にタスクを実行できるよう手助けすることはデザイナーの責任だ。そのためには適切なフィードバックを提供し、体感性能を高め、プログレスバーを利用することで「待っている」という感覚を全体として減らすことが重要だ。

CHAPTER 11
力には責任が伴う
With Power Comes Responsibility

CHAPTER With Power Comes Responsibility

11 力には責任が伴う

ここまでの章で、人の心理をうまく活かせば、さらに人間中心的で直感的なプロダクトや体験が作れるのを見てきた。わたしたちが追い求めてきたのは、人をテクノロジーに無理やり合わせるデザインではなく、人があるがままであるためのデザインへと導いてくれる、心理学由来の重要な原則だ。この知識を得たデザイナーは大きな力を手にすると同時に、責任も負うことになる。行動心理学や認知心理学の知見を活用して、より良いデザインを目指すこと自体は何も悪いことではない。しかし同時に、プロダクトやサービスがいかにユーザーのゴールや目的達成を意図せず損なう可能性があるか、説明責任がなぜ重要なのか、そしてどうすれば時間をかけてそれらにより自覚的になれるのかを考えることが非常に大切だ。

テクノロジーはどのようにして行動を形作るのか

人の心がどのようにパースウェーシブテクノロジー*1に影響を受け、行動がどのように形作られるかについて理解することが、デザインの意思決定に責任を負う第一歩だ。行動の決まり方についての基礎的な研究は数多くある。しかしアメリカの心理学者、行動主義者、作家、発明家、そして社会心理学者であるB.F.スキナーによる研究ほど影響力を持ち、基礎となっているものはないだろう。スキナーは、**オペラント条件付け**と名付けたプロセスを通じて、特定の行動と結果が結びつき、行動が学習され、修正されていくさまを研究した。後にスキナーの名を冠して呼ばれることになる機器を使い［図11-1］、特定の刺激に対して望ましい行動をとるように教えられた動物を隔離環境下で観察することで、行動がどのように形作られるのかを明らかにした。初期の実験では、箱の中に置かれた空腹のネズミがレバーを触ると餌が出てくることを発見する様子を観察した*2。何回かそのような状況に出くわすことで、ネズミはレバーを押すことと餌がもらえることの関係を学習する。する

*1　訳注：1990年代にBJ・フォッグが提唱した、人の行動変容を促す技法。

*2　原注：B. F. Skinner, The Behavior of Organisms: An Experimental Analysis (New York: Appleton-Century, 1938).

とネズミは、箱の中に置かれるたびにレバーにまっすぐ向かって行くようになる。これは正の強化（positive reinforcement）によって、行動を繰り返す可能性がいかに高まるのかを明確に示している。スキナーはまた、負の強化（negative reinforcement）の実験として、箱の中に入れられたネズミがレバーを押すと不快な電流が止まるようにした。前述の餌を与えた実験と同じように、ネズミは箱の中に入ったらレバーに直進し、電流を素早く止めることを学習した。

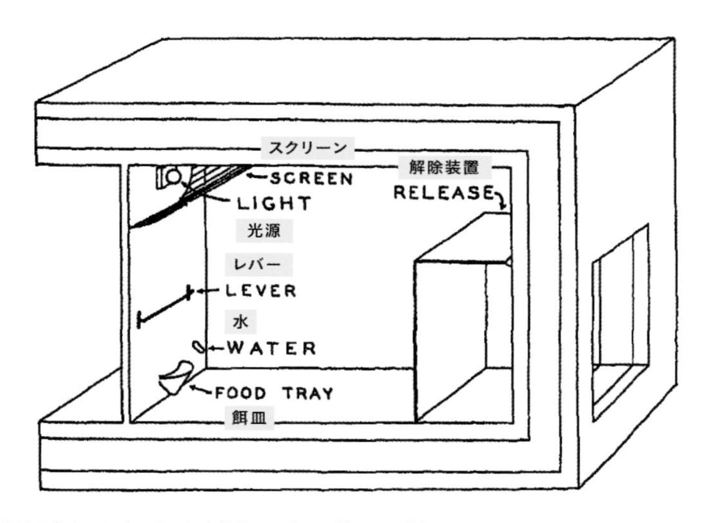

図11-1　B.F.スキナーのオペラント実験箱。スキナー箱としても知られている。出典：スキナー、1938年

スキナーは後に、強化のパターンの違いによって、期待された行動をとる速度と頻度が変わることを発見した[*3]。例えば、レバーを押す度に報酬として餌を与えられたネズミは、空腹のときにだけボタンを押すようになる。そして、レバーを押してもたまにしか報酬を与えられなかったネズミは、レバーを押すことをやめてしまった。対照的に、予想できないようなパターンで餌を与えられたネズミは、レバーを繰り返し押すようになり、その行動は最も長い期間、強化なしで継続した。つまり、毎回でもなく、逆に少なすぎもせず、気まぐれなタイミングでの強化によって、ネズミの行動が最も効果的に形成されたのだ。多すぎる、あるいは少なすぎる強化はネズミの興味を失わせたが、ランダムな強化は衝動的で反復的な行動を引き起こした。

＊3　原注：C. B. Ferster and B. F. Skinner, Schedules of Reinforcement (New York: Appleton-Century-Crofts, 1957).

時間を今日まで早送りしてみれば、スキナーの研究が彼の名を冠した実験箱を超えて適用されていることは明らかだ。その様子は世界中のカジノで観察できる。スロットマシーンはオペラント条件付けそのものなのだ。この機械は、現代のスキナー箱として最も優れた事例だ。ギャンブラーはお金を支払ってレバーを引くと、ごくたまに見返りを得ることができる。文化人類学者のナターシャ・ダウ・シュルは自身の著作『デザインされたギャンブル依存症』(日暮雅通訳、青土社、2018年) *4 において、機械仕掛けのギャンブルの世界を探索した。同書ではスロットマシーンが継続的なフィードバックループを通して人を「継続的な生産性(continuous productivity)」へ誘い、価値を最大限引き出すようにデザインされているさまが描き出されている。さらに、大抵の場合、各プレイヤーの活動がシステムに記録されてリスクプロファイルが作られることにより、カジノ側は彼らがあとどのくらいの負けを許容できるか、あるいは満足しているのかを把握しているのだ。プレイヤーがアルゴリズムによって導き出された「痛点(pain point)」に近づくと、カジノは「幸運の使者(luck ambassador)」を送ることが多い。食事券やギャンブルに使えるクーポン、そしてショーチケットなどのインセンティブを与えることで、スロットマシーンの求心力を補うのだ。それは人々をマシーンの前に座らせ、繰り返しレバーを引いてお金を投じ続けさせるために最適化された刺激-反応ループである。すべては装置の前にいる時間を最大化するためにトラッキングされているのだ。

また、デジタルプロダクトやサービスには、人間の行動を形作ることを目的とした様々な手法が採用されており、その事例は我々が日常的に使っているアプリの多くに見ることができる。ユーザーにできる限り長くサイトを利用してもらうといったことから、購入を促したり、コンテンツを共有するよう誘ったりすることまで、すべての行動は適切なタイミングで強化されることによって形作られる。意図的かどうかにかかわらず、これらのテクノロジーにおいて行動を形作るために活用されている、より一般的な方法のいくつかをさらに詳しく見てみよう。

断続的な変動報酬

スキナーは、タイミングがころころ変わるランダムな強化こそが、最も効果的に行動に影響を与える方法であることを実証した。デジタルプラットフォームは、変動報酬を利用して行動を形作ることができる。この変動報酬の例は、スマートフォ

---

*4 原注：Natasha Dow Schüll, Addiction by Design: Machine Gambling in Las Vegas (Princeton, NJ: Princeton University Press, 2012).

ンでの通知確認、フィードのスクロール、更新するために画面を下に引っ張るたびに観察できる。その結果はスキナーが彼の研究室で観察したものと似ている。

平均的な人は1日に2500回以上、人によっては5400回以上もスマートフォンに接触しており、合計すると1日につき2〜4時間となると研究は示している*5。変動報酬を示す具体的な例として、プル・トゥ・リフレッシュ(引っ張って更新)を見てみよう[図11-2]。この一般的なインタラクションパターンは、コンテンツフィードの一番上で画面をスワイプダウンすることで新しいコンテンツを読み込むアクションとして、多くのモバイルアプリで使われている。これとスロットマシーンとの類似性は明らかだろう。「(レバーや画面を)引き下げる」という行為だけでなく、それが生み出す変動的な「報酬」についてもだ。

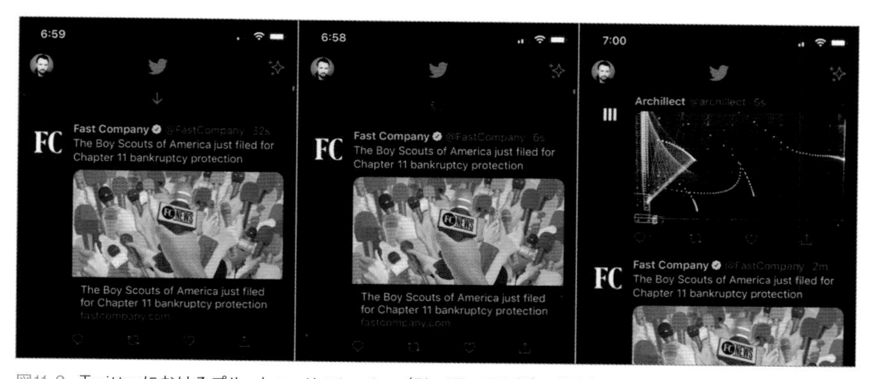

図11-2　Twitterにおけるプル・トゥ・リフレッシュ(引っ張って更新)の事例。出典：Twitter、2020年

無限ループ

自動再生される動画[図11-3]や無限スクロールできるフィードのように、無限ループのデザインはちょっとした摩擦を減らして滞在時間を最大化するためにデザインされたものだ。コンテンツが途切れることなく続くアプリやサイト上で、ユーザーがコンテンツの読み込みや次の動画再生を意識しなくなれば、企業は受動的消費を手にすることができる。ループするコンテンツの中には広告が散りばめられており、長くウェブサイトに滞在すればするほど視聴される。これは静的な広告を表示するよりも、はるかに効果的に利益を生み出すモデルだ。

*5　原注：Michael Winnick, "Putting a Finger on Our Phone Obsession," dscout, June 16, 2016, https://blog.dscout.com/mobile-touches

図11-3　YouTubeは次の動画を自動再生する。出典：YouTube、2019年

社会的肯定感

わたしたち人間は、根っからの社会的な生き物だ。自尊心と誠実さへの根源的な欲求に対する衝動は、ソーシャルメディア上での生活にまで及んでおり*6、わたしたちはそこで社会的な報酬を求めている［図11-4］。オンラインで投稿したコンテンツに「いいね！」や肯定的なコメントがつくことで、一時的に承認欲求や帰属欲求が満たされる。このような社会的肯定感はドーパミンの生成を促す。この脳から生成される化学物質は行動の動機づけにおいて重要な役割を担っている。

図11-4　Facebookの「いいね！」ボタンは2009年にはじめて導入され、今やあらゆるソーシャルメディアで見られる機能となっている。出典：Facebook、2020年

*6　原注：Catalina L. Toma and Jerey T. Hancock, "Self-Affirmation Underlies Facebook Use," Personality and Social Psychology Bulletin 39, no. 3 (2013): 321–31.

デフォルト

選択設計(Choice architecture)においては、デフォルト設定がなにより重要だ。ほとんどの人はデフォルトの設定から変更しない。それゆえ、意思決定の舵を握っているのは、デフォルト設定ということになる。それはたとえ、何が決定されたのか本人が意識していない場合であってもだ。例えば、2011年の研究によると、Facebookのプライバシーのデフォルト設定がユーザーの想定通りであったのはわずか37%で、ユーザーが思っているよりも多くの人にコンテンツや個人情報が公開されるようになっていた[図11-5] *7*8。

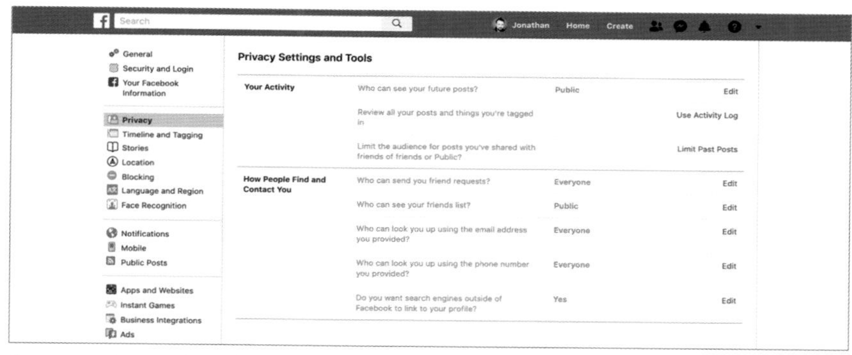

図11-5 Facebookのプライバシー設定。出典：Facebook、2020年

こうしたズレがあるにも関わらず、人はデフォルトを許容したことを正当化し他の選択肢を拒否しやすいということが、多くの研究によって示されている*9。

摩擦を取り除く

デジタルプロダクトやサービスで行動を形作る別の方法は、ユーザーにしてもらいたい行動にまつわる摩擦をできるだけ取り除くというのものだ。言い換えると、簡単に、そして快適に実行できればできるほど、その行動は習慣化しやすくなる。例えば、Amazonのダッシュボタン[図11-6]は、Amazonのウェブサイトやアプリに

---

*7 原 注：Yabing Liu, Krishna P. Gummadi, Balachander Krishnamurthy, and Alan Mislove, "Analyzing Facebook Privacy Settings: User Expectations vs. Reality," in IMC '11: Proceedings of the 2011 ACM SIGCOMM Internet Measurement Conference (New York: Association for Computing Machinery, 2011), 61–70.

*8 訳注：たとえば、デフォルト設定では投稿の共有範囲はすべての人へ公開、メールアドレスや電話番号での検索対象は全員になっている。

*9 原 注：Isaac Dinner, Eric Johnson, Daniel Goldstein, and Kaiya Liu, "Partitioning Default Effects: Why People Choose Not to Choose," Journal of Experimental Psychology: Applied 17, no. 4 (2011): 332–41.

訪れることなく、ボタンを押すだけで、よく使う製品の注文を可能にする小さな電子デバイスだ。現在はデジタルにとって代わられてしまったものの、このハードウェアを伴うボタンは、可能な限り障壁を取り除いて行動を形作ろうとした好例だ。

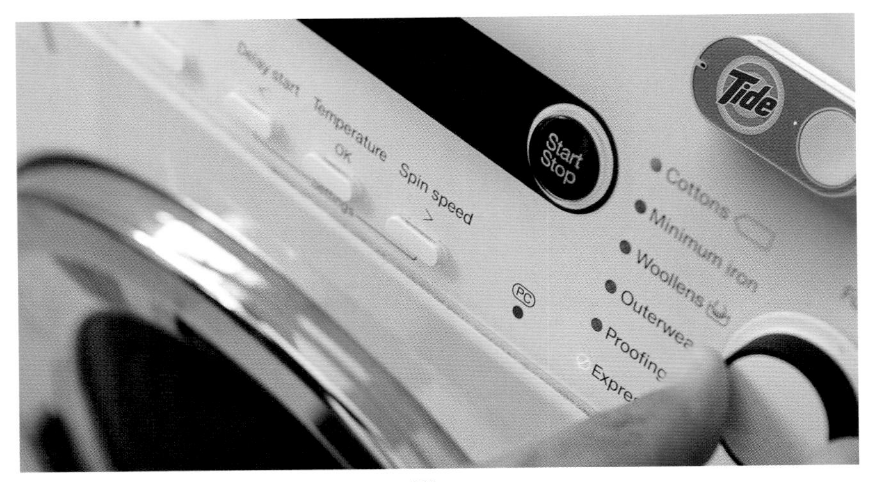

図11-6　現在は終了したAmazonのダッシュボタン*10。出典：Amazon、2019年

返報性

返報性、つまり他者のふるまいに報いたい性向は、わたしたち人類に共通する強い衝動だ。人類は返報性に価値を見出し、社会的規範として大切にしてきた。それは同時に、人につけこまれる行動をしてしまう決定因子としても強力だ。他者のふるまいに対して返礼しようとするその衝動にテクノロジーがつけ込み、結果として我々の行動を形作るのだ。例えばLinkedInは、誰かがスキルを推薦*11すると、そのことを本人に知らせる[図11-7]。大抵の場合、推薦を受け取った側には、ただそれを受け入れるだけでなく、それに応えないといけない義務感が生み出される。こうして両者はより長い時間をプラットフォーム上で過ごすことなり、それがLinkedInに、より利益をもたらすのだ。

---

*10　訳注：この写真の例では、洗濯機に貼り付けられたAmazonのダッシュボタンを押すと、「Tide」という洗剤がAmazonに発注される。

*11　訳注：つながりのあるユーザーのスキルや専門知識に太鼓判を押す機能。

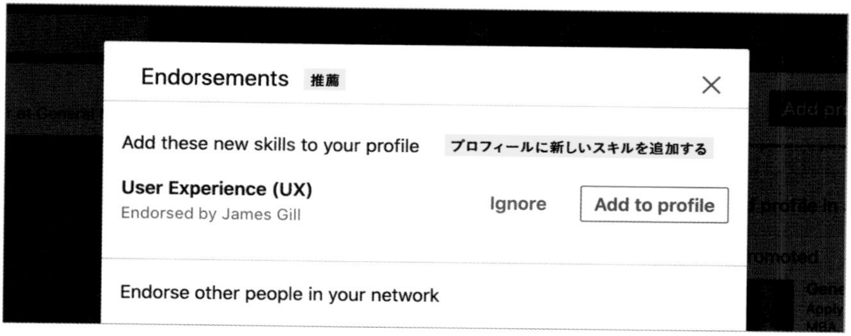

図11-7 LinkedInのスキル推薦通知。出典：LinkedIn、2020年

ダークパターン

ダークパターンも、ユーザーの行動に影響を与える技術だ。例えば、ユーザーに意図しない行動を行わせることによって、エンゲージメントを高めたり、ユーザーにとって最善の利益にならないタスク（例えば、より多くの買い物をする、不必要な情報をシェアする、マーケティングコミュニケーションを受け入れるなど）を完了させたりすることを指す。不幸なことに、人を騙すテクニックはインターネット上のあらゆるところで見受けられる。2019年の研究において、プリンストン大学とシカゴ大学の研究者がダークパターンの証拠を見つけるために11,000ものECサイトを分析した。その結果は、極めて憂慮すべきものだった。1,818のダークパターンの事例が特定され、人気のあるサイトほどダークパターンを活用する傾向にあった[*12]。例えば、6pm.com[*13]を例に挙げてみよう。そこでは購買欲求を高めるため、製品在庫が僅少であるとほのめかす、希少性のパターン（scarcity pattern）を用いていた。ユーザーが商品の選択肢を選ぶ際に、残り在庫が少ない旨のメッセージを表示することで、常に商品が売り切れの危機に瀕しているように見える［図11-8］。

---

*12 原注：Arunesh Mathur, Gunes Acar, Michael J. Friedman, Elena Lucherini, Jonathan Mayer, Marshini Chetty, and Arvind Narayanan, “Dark Patterns at Scale: Findings from a Crawl of 11K Shopping Websites,” in Proceedings of the ACM on Human-Computer Interaction, vol. 3 (New York: Association for Computing Machinery, 2019), 1–32.

*13 訳注：6pm.comは、靴のECで知られるZapposが運営する、アウトレットECサイト。

図11-8　希少性のダークパターンの例。出典：6pm.com、2019年[*14]

これ以外にも、行動をさりげなく規定しようとしているテクノロジーは、いたるところに用いられている。ユーザーの行動データは、システムの個々人に対する反応を微調整するために活用される。人の心は変わらないのに、手法はどんどん高度化し正確になっていく。今日、いまだかつてないほどに、行動への影響を倫理的に考えることが重要になっている。

なぜ倫理が重要なのか

なぜこれほどまでにテクノロジー産業の人々は、人につけこむ技術を重要視しているのか。年々デジタル技術は進化し、ますます日々の生活に入り込んできているように思える。スマートフォンやその他のスマートデバイスの登場以降、わたしたちは小型化されたコンピューターをポケットに入れたり、腕に装着したり、デバイスが埋めこまれた服を着たり、あるいはバッグに入れて持ち運んだりするなど、ますますそれらを頼るようになってきている。移動手段から宿泊施設、食品や消費財までのすべてを、わずかなタップとスワイプだけで手に入れることができるのは、この小さくて便利な相棒のおかげだ。これらの便利なデバイスは我々に自由や能力の向上をもたらすが、常に良い結果につながるとは限らない。善良な意図を持った企業が、最終的に意図しない結果をもたらすテクノロジーを生み出すことがある。

良かれと思ったことが思わぬ結果に

有害なプロダクトやサービスを作ろうとする企業などほとんどいない。Facebookが2009年に「いいね！」ボタンを導入した際、アプリを開いて自尊心を

＊14　訳注：この例では、商品かごにいれるボタンの上に、閲覧している商品の在庫がわずか3点しかないと表示している。

確かめるたび、社会的肯定感による少量のドーパミンが放出されるメカニズムが、こんなにも中毒性高く機能するフィードバックになるとは思っていなかっただろう。また、無限スクロールの導入によってユーザーがニュースフィードを無心にスクロールし、何時間も過ごすようになることも意図していなかっただろう。Snapchatは、フィルターの機能がこれほどまでに自分自身の見方や他者への見せ方を変えてしまうとは意図していなかっただろうし、外見を作り直す美容整形への関心を加速させることも意図していなかっただろう。また、消える動画がセクシャル・ハラスメントや性的搾取者の楽園になってしまうことなど絶対に意図していなかったはずだ。事例だけで章すべてを埋め尽くすこともできるが、すでに言いたいことは伝わっただろう。これらの企業が、提供するサービスや機能によってネガティブな結果を生み出すことを意図していたとは考えにくい。しかし、実際にはネガティブな結果が生じている。そして先に挙げた例やその他数えきれない事例によって生み出された損害は、提供者が意図していなかったからといって許されるものではないのだ。

テクノロジー産業の変化は速く、失われたものたちすべてが顧みられることはない。今、研究が追いつき始め、「進歩」による長期的な影響が解明されつつある。スマートフォンがあるだけで、デバイスの電源を切っていても利用可能な認知能力が低下するようだ[*15]。加えて、ソーシャルメディア利用と社会的弱者に対する不安効果にも関連がある。すなわち、若年成人期における鬱や孤独感の増大[*16]や青年期の自殺関連行動ないし死亡の増加だ[*17]。テクノロジーが人々の生活や社会全体にどのような影響を与えているのかを研究者が詳しく見ていく中で、このような不幸な副作用の実態がどんどん浮かび上がってきている。

倫理的責務

デジタルプラットフォームが本来解決しようとしていた人間の課題への視点を見失ってしまうと、人間のもろさが搾取の対象となる。購入、つながり、消費を促す

＊15　原注：Adrian Ward, Kristen Duke, Ayelet Gneezy, and Maarten Bos, "Brain Drain: The Mere Presence of One's Own Smartphone Reduces Available Cognitive Capacity," Journal of the Association for Consumer Research 2, no. 2 (2017): 140–54.

＊16　原注：Melissa Hunt, Rachel Marx, Courtney Lipson, and Jordyn Young, "No More FOMO: Limiting Social Media Decreases Loneliness and Depression," Journal of Social and Clinical Psychology 37, no. 10 (2018): 751–68.

＊17　原注：Jean Twenge, Thomas Joiner, Megan Rogers, and Gabrielle Martin, "Increases in Depressive Symptoms, Suicide-Related Outcomes, and Suicide Rates Among U.S. Adolescents After 2010 and Links to Increased New Media Screen Time," Clinical Psychological Science 6, no. 1 (2018): 3–17.

のと同じテクノロジーが、集中力の欠如、周囲との人間関係のひずみ、行動のゆがみをもたらす。行動デザインは人を「ハマらせる」ことができるが、その代償はあるのか。いったいいつから「DAU（日次のアクティブユーザー）」や「滞在時間」が、目標達成の手助けや意味ある関係性づくりの支援よりも大事な指標とみなされてしまうようになったのか。これらの問いに答えるには、心理学とそれに基づくUXデザインが重要になる。

デザインプロセスには倫理が組み込まれていなければならない。このチェックアンドバランス*18がなければ、テクノロジーを生み出す企業や組織の中でエンドユーザーを擁護する人がいなくなる可能性がある。サイト滞在時間を増やしたい、湯水のようにメディアや広告を消費させたい、価値あるデータを抽出したいなどの商業的な責務は、タスクをやりとげたい、友人や家族とつながりを持ちたいなどの人間の目的とは一致しない。言い換えれば、企業のビジネス上の目標とエンドユーザーの人間的な目標が一致することはほとんどなく、デザイナーがそのパイプ役になっていることが多いのだ。もし行動がテクノロジーによって形作られうるとしたら、テクノロジーを構築する企業に対して、誰がその決定についての説明責任を果たさせるのだろうか？

今こそデザイナーがこの緊張関係に対して向き合うときであり、企業目標とユーザーのウェルビーイングとの整合性を取ったプロダクトや経験を作り出す責任は、わたしたちにあるのだ。言い換えれば、わたしたちはバーチャルなインタラクションや報酬によって人間の経験を置き換えるのではなく、経験を拡張するテクノロジーを構築すべきなのだ。倫理的なデザインの意思決定を行うにはまず、人の心はいかにして搾取されうるのかを知ることから始めよう。そしてわたしたちが一翼を担っているテクノロジーに対して説明責任を持たなければならないし、それが人々の時間や集中力、あるいはデジタル上のウェルビーイング全体を守らなければならない。もはや「すばやく行動し、破壊せよ*19」はテクノロジーを構築する際に受け入れられる方法ではない。代わりに、わたしたちは歩みを緩めて、生み出すテクノロジーに意識を向け、いかにそれが人々の生活にインパクトを与えるのかを考えなければならない。

---

*18　訳注：元は政治用語。権力集中を防ぐために必要な権限を分立させることで相互に抑制と均衡を保つこと。

*19　訳注：「Move fast and break things」初期Facebookのモットー。

歩みを緩め、意識を向ける

作るプロダクトやサービスが人々の目的達成を支援するものであるためには、否応なしに倫理がデザインプロセスに組み込まれていなければならない。本当に「人間中心デザイン」であるためには、次のような一般的なアプローチがある。

ハッピーパスを超えて考える

シナリオはデザイナーの参照点となるフレームで、プロダクトやサービスにとって重要な機能を定義するのに欠かせない。残念ながら「すばやく行動し、破壊せよ」を信条とするチームは、もっぱら抵抗の最も少ない理想化されたシナリオに焦点を当てがちだ。これら「ハッピーパス*20」では、その性格上、単なる技術的なエラー以外によくないことが起こるユースケースをまったく考慮していない。ハッピーパスから外れたシナリオを考慮せずに拡大していくテクノロジーは、理想化されたシナリオの外にいる人々を脆弱なまま置き去りにする時限爆弾となるのだ。より良いアプローチとしては、MVP（Minimum Viable Product：実用最小限のプロダクト）の定義を変更して、最も抵抗の少ない道ではなく、非理想的なシナリオに最初に焦点を当てることだ。極端なケースを思考の中心に据えることで、デフォルトでは救えないケースを考慮し、プロダクトやサービスのレジリエンス（強靭さ）をより確実なものとする。

チームと考え方に多様性を持つ

同質性の高いチームは、自分たちの人生で経験していない点を見落としがちだ。この避けがたい傾向は、プロダクトやサービスのレジリエンスを損なわせ、悪くすると悲惨な結果を招きかねない。同質的な思考の落とし穴を避けるためにチームができることはいくつかある。まず、可能な限り多様性のあるチームにすることだ。性別や人種、年齢やバックグラウンドの違いが、デザインプロセスの初期段階から人間の経験に対する幅広い視点をもたらすことになる。また、ターゲットオーディエンスに対する調査から導き出されたペルソナが、MVPにとって重要なセグメントだけに焦点を当てていないかを確認することも大切だ。より多様性のあるオーディエンスに向けてデザインすることで、大きな問題になる前に盲点に気付ける可

*20 訳注：ハッピーパスとは例外やエラーを考慮しない理想的なシナリオのこと。

能性が高まる。

データを超えて考える

わたしたちは定量データによって、ユーザーがタスクをどのくらいすばやく実行しているか、何を見ているか、どうやってシステムを扱っているのか、など多くの有用な事柄を知ることができる。しかし、このデータは、あるユーザーがなぜそのような行動をとったのか、あるいはプロダクトがどのくらい彼らの生活に影響を与えたのかを明らかにすることはない。「なぜ」につながる洞察を得るためには他の指標を考えること、ユーザーに耳を傾け、それを受け入れることが重要だ。これはスクリーンから飛び出し、彼らと対話し、自分たちがどのようにインパクトのある方法でデザインを進化させていくかをこうした質的調査によって明らかにすることを意味している。

テクノロジーは人々の生活に重大な影響を及ぼす力を持っている。だからこそ、その影響を確実にポジティブなものにすることが極めて重要だ。ユーザーの目標達成とウェルビーイングに寄り添って、支援するプロダクトや体験を生み出すことはわたしたちの責任なのだ。人間の心は悪用されうるものだ、ということを認めることによって倫理的なデザインの意思決定を行える。そして、ハッピーパスを超えて考えること、より多様性のあるチームを構築すること、自分たちが生み出したプロダクトや経験が人々の生活にどのような影響を与えているかについての質的なフィードバックを得るためにユーザーと対話することによって、自分たちの仕事に説明責任を持つことができる。

CHAPTER 12

心理学的な原則をデザインに適用する

Applying Psychological Principles in Design

CHAPTER Applying Psychological Principles in Design

12 心理学的な原則をデザインに適用する

行動心理学や認知心理学の研究からもたらされた豊富な知識は、デザイナーが人間中心のユーザー体験を作り出すための貴重な基礎となる。人間の空間体験を熟知した建築家がより良い建物を作り出すのと同じように、人のふるまいをよく理解しているデザイナーはより良いデザインを作り出すだろう。こうした詳細な知識をどのように組み立て、そしてそれをどうデザインプロセスの一部に組み込んでいくかが課題になる。この章では、デザイナーが本書で見てきた心理学的原則を習得し使いこなし、関連するデザイン原則を元にチームの目標や優先順位を明確にしていく方法を探る。

意識づける

意識づけは、デザイナーが心理学の概念を自分のものとし使いこなしていくための、単純だが最も効果的なやり方だろう。実際にわたしが目にしてきた意識づけの戦略をいくつか挙げておこう。

視界にいれる

この本で議論されている原則を最も素早く簡単に内在化するには、それらを職場で目に見える形にすればいい。「Laws of UX」のプロジェクトを始めてから、ウェブサイトに置いてあるポスターをプリントアウトし、みんなから見える壁に張り出した様子の写真を数多く受け取っている[図12-1]。世界中のオフィスの壁面で自分の仕事が見られることをとても誇りに思うと同時に、わたしの仕事が意識づけの役割を果たしていることを知った。ポスターが絶えずチームの視野に入れば、多種多様な心理学的原則を思い出させる一助となり、デザインプロセスにおける意思決定をサポートできる。さらに、ポスターは人の情報知覚と処理の仕方を思い起こさせる役割も果たしている。結果として、これらの原則を中心に組織内で集合知と語彙が培われ、共有される。最終的には、チームメンバーが心理学原則を理解し、それを進行中のデザインワークにどう適用可能かまで言語化できるようになるのだ。

図12-1 「Laws of UX」のポスターが意識づけの手助けをしている。出典：Xtian Miller of Vectorform（左）、Virginia Virduzzo of Rankia（右）による

ショー・アンド・テル*1

チーム内での意識づけに効果的な他の手法としては、何かを聴衆に見せてそれを語る演習、昔ながらの**ショー・アンド・テル**が挙げられる。わたしもご多分に漏れず小学校低学年ではじめてこの活動を経験し、いつも楽しんでいた。小学校では生徒に人前での語り方を教えるための手法として用いられることが多いが、これはチームメンバーが知識を共有し、学び合うための優れたフォーマットでもあるのだ。

わたしが参加してきたデザインチームは、定期的に知識共有のための時間を確保しており、この実践から多くの恩恵を受けている。まず、有用な情報を他のチームメンバーに共有するのに効果的だ。記憶に残りやすく、情報共有の手間もかからない。デザインの新しいテクニックやツールの話から、ユーザビリティ調査での発見やプロジェクトの要約まで、そしてもちろん心理学的な原則の話も、すべてのことはチームの誰かにとって価値のあるものだろう。さらに、ショー・アンド・テルは、チームメンバーの発言に自信を持たせたり、その分野の専門家としての地位を確立する機会を与えたりするのに最適だ。また、組織の一員として継続的な学習に貢献し、投資することも促す。そして、対話して知識をつむぎだすチーム文化の醸成につながり、わたし自身も含めたチームメンバーにとって重要な意味を持つことがわかった。

単なる意識づけだけでは、チーム全体のデザインプロセスの中に原則が完全に定着するところまではいかないかもしれないが、デザインに関する意思決定に影響を

*1 訳注：主に北米の小学校低学年の授業で行われる、口述技能を教えるための教育科目。

与えられるだろう。次は、これらの原則をどのようにチーム内のデザインプロセスに役立てることができるのか、またどのように意思決定の中に、より深く組み込むことができるのかを見ていこう。

デザイン原則

デザインチームが大きくなるにつれ、デザインについての意思決定は、日増しに増えていく。多くの場合、意思決定の責任はデザインリーダーシップ[*2]の範疇とされ、その他多くの責任とともにリーダーの双肩に重くのしかかる。チームの大きさが、あるしきい値に達し、デザインにおける意思決定の量がマネジメントできる範囲を超えると、チームのアウトプットは遅くなり、行き詰まっていくだろう。あるいは、デザインについての意思決定がチームの個々のメンバーによって勝手に行われることで、品質やチームのビジョン、目標の基準を満たす保証がなくなってしまうケースも考えられる。言い換えれば、デザインの意思決定者（ゲートキーパー）は一貫性、拡張性どちらの障害にもなりうるということだ。この問題に加えて、チームの優先順位や価値観が曖昧になっていくことで、個々のメンバーが自分にとって良いデザイン（必ずしも全員にとって良いデザインではない）を定義するようになってしまう。実際にそのような現場を見たことがあるし、想像に難くないことなのだが、これは問題だ。チーム内における**良いデザイン**の定義が、揺れ動く的のようになってしまうのだ。その結果、チームからは全体としてばらばらなアウトプットが生まれることになる。チームのアウトプットは、一貫性の無さやビジョンの欠如によって必然的に損害をこうむるのだ。

デザインプロセスにおける一貫した意思決定を確かなものにするには、**デザイン原則**の策定がもっとも効果的だ。デザイン原則は、デザインチームの優先順位やゴールを表すガイドラインとして、意思決定の理由づけの根拠になる。チームが取り組む問題が何か、大切にするものは何かを表現しやすくなる。チームが成長し、それに比例して意思決定の量が増えるにつれて、デザイン原則は羅針盤[*3]、つまりチームにとって何が良いデザインかを示す価値観として役に立つ。デザインの価値観や目標を共有しているチームでは、その文脈における成功失敗の理解も共有して

＊2　訳注：デザインを意識すべき経営層・リーダー層。

＊3　訳注：原著ではNorth Star。北極星のこと。北極星が地上のどこからでも位置の変わらない性質から目安として使われてきてきたことから転じて、たち戻れる原理原則の意。

いる。そうなると、意思決定者はもはやボトルネックではなくなる。デザインについての意思決定はより素早く、より一貫性を持つことになる。そして、チームは共通のマインドセットと包括的なデザインビジョンを持つのだ。これが正しく行われれば、チームに与える最終的なインパクトはとても大きく、組織全体に対しても影響を与えられるかもしれない。

次に、どうやってチームの指針となる価値観とデザイン原則を定義していくのか、そして最終的にそれらが基礎となる心理学的原則にどう結びつくのかを見ていく。

チームの原則を定義する

チームの目標や優先順位を反映したデザイン原則を定義するために、有効な方法は数多く存在する。チームコラボレーションを可能にし、ワークショップを取りまとめるための様々な方法を包括的に見ることは本書の範囲外だが、大まかな流れだけは示しておこう。以下はチームのデザイン原則を定義するための一般的なプロセスだ。

1. チームとは誰なのかを特定する

一般的にデザイン原則の定義は、単発あるいは複数回にわたるワークショップの中で行われる。最初のステップとして、参加するチームメンバーを特定することが必要だ。よくあるやり方は、貢献を望むすべての人、特に完成した原則によって直接的に影響を受ける人全員に開かれた状態にすることだ。また、直接関わるチームの外にいるデザインリーダーシップやステークホルダーに対してプロセスを開くのもよいだろう。有意義な異なる観点を持ち込んでくれるかもしれないからだ。多くの人を巻き込むほど、広い範囲で採用されやすくなるだろう。

2. 基準に沿って定義する

チームが特定できたら、成功の基準を定義する時間をとろう。これにはデザイン原則とその目的への共通理解を生み出すことだけでなく、ワークショップのゴールを定義することも含まれる。例えば、それぞれのデザイン原則がチームにとって意味のあるものとなるために満たさなければならない基準を定める。

3. 発散する

次のステップはアイデア創出が中心となる。各チームメンバーは限られた時間（例えば10分）の中で、できる限り多くのデザイン原則を考え、それぞれのアイデアを付箋に書き出す。この演習の終了時点で、参加者のアイデアは山のように積み上がっているのが望ましい。

4. 収束する

発散のあとは収束だ。このステップでは、すべてのアイデアを集めてきてテーマを特定する。このフェーズにおいて、参加者はファシリテーターの力を借りながら、自分のアイデアをグループ内で共有し、アイデアをテーマに沿ってまとめていく。そして、すべての参加者がアイデアを共有し終わったら、チームや組織にとって最も相応しいと感じるテーマに投票する。一般的な方法としては、**ドット投票**が挙げられる。各人が定められた数（通常5から10）の小さな丸シールを持ち、それで投票する手法だ。どれに投票するかは完全に個人の自由で、もし特別強い思い入れのあるテーマがあれば、1つのテーマに複数票を投じることもできる。

5. 整理し、適用する

次のステップはチームによって変わってくるが、最初に整理する段階を経て、次にその原則がどのように適用されるかを見極めるというのが一般的だろう。テーマは、可能であればまとめた上で、明確に表現すべきだ。次にこれらの原則をチームや組織全体のどこでどのように適用できるかを考えるのもよいだろう。

6. 広める、擁護する

最後のステップはその原則を共有し、採用されるように支持していくことだ。普及にはいろいろな形がありうる。例えば、ポスター、デスクトップの壁紙、ノート、あるいはチームに共有される資料などの媒体はいずれもよく使われる。ここでのゴールは、デザイン原則がチーム全員の目に触れやすい、手の届きやすい状態をつくることだ。加えて、このワークショップに参加したチームメンバーに、チームの内外を問わず原則の擁護者になってもらう、という点も重要だ。

ベストプラクティス

デザイン原則は、意思決定の指針や枠組みとなるためにある。採用されたデザイン原則を確実に役立つものにするためのベストプラクティスを紹介しよう。

● 優れたデザイン原則は分かりきったことを言わない

良いデザイン原則は直接的で、明確で、すぐに行動に移すことができる。決して、退屈で当たり前のものではない。例えば「直感的なデザインであるべきだ」のような分かりきった常套句では曖昧すぎて、明確なスタンスを欠いているために意思決定の助けにならない。

● 優れたデザイン原則は実践上の問いに答える

定義したデザイン原則は、実践でぶつかる問題を解決し、意思決定を前に進められるものであるべきだろう。とはいうものの、あまりに特定のシナリオに特化しすぎないように注意しよう。

● 優れたデザイン原則は偏っている

デザイン原則には、選択と集中の感覚が必要だ。ときにはチームの背中を押し、ときにはチームにノーと言わせる。

● 優れたデザイン原則は覚えやすい

覚えづらいデザイン原則は、結局使われない。全体として、チームや組織のニーズや方針に沿うものであるべきだ。

デザイン原則を心理学的な法則と結びつける

一度あなたのチームが一連のデザイン原則を作ったら、この本で議論されている心理学的な原則に照らし合わせてみよう。これによって、デザイン原則が達成しようとしていることとその背景にある心理学的な理論を関係づけることができる。例えば、「わかりやすさは豊富な選択肢に勝る」というデザイン原則があると仮定しよう。この原則はわかりやすさが大事だというだけでなく、トレードオフ（豊富な選択肢を捨てること）も示していることで、とても有用になっている。この原則をUXの法則に沿ったものにするために、「わかりやすさを提供する」というこの原則のゴールに最も関連する法則を特定する必要がある。この場合、ヒックの法則（第3章）、すなわち「意思決定にかかる時間は、とりうる選択肢の数と複雑さで決まる」が当てはまりそうだ。

デザイン原則と適切な心理学的な法則に関係性を見出せたら、次はプロダクトやサービスの文脈においてチームメンバーが守るべきルールを作っていく。ルールはより明確で具体的な制約として、デザインの意思決定を誘導する。引き続き前の例を引き合いに出すと、「わかりやすさは豊富な選択肢に勝る」というデザイン原則にはヒックの法則が関連していることがわかったので、このデザイン原則のための新しいルールを導き出せる。例えば、ヒックの法則に沿ったルールの例としては「選択肢は一度に3つまで」となるだろう。あるいは、「説明文は必要なときだけ、80文字以内で簡潔に」というルールも考えられる。これらはあくまで話をわかりやすくするための例なので、実際にはあなたのプロジェクトや組織に合わせて定義してほしい。

これで、ゴール（デザイン原則）と観察結果（UX法則）を組み合わせて、デザイナーが従うべきガイドライン（ルール）を導出する、という明確なフレームワーク［図12-2］が完成した。チームで合意したそれぞれのデザイン原則に対してこのプロセスを繰り返すことで、包括的なデザインフレームワークを作り上げることができる。

Clarity over abundance of choice

According to Hick's law, we know that the time it takes to make a decision increases with the number and complexity of choices available.

To achieve this goal, we must:
• Limit choices to no more than 3 items at a time.
• Provide brief explanations when useful that are clear and no more than 80 characters.

わかりやすさは豊富な選択肢に勝る
ヒックの法則曰く、「意思決定にかかる時間は、とりうる選択肢の数と複雑さで決まる」。

目標達成のために、わたしたちは以下を守ることとする。
・選択肢は一度に3つまで
・説明文は必要なときだけ、80文字以内で簡潔に

図12-2 デザイン原則、観察結果、ルールの例

では、他の例を見てみよう。「慣れは目新しさに勝る」。まず、良いデザイン原則の基準を、この原則は満たしている。次に、ユーザーが慣れたものを提供するという目標に関わりの深い法則を見つけだそう。ヤコブの法則(第1章)のいう、「ユーザーは他のサイトで多くの時間を費やしているので、あなたのサイトにもそれらと同じ挙動をするように期待している」がぴったりだ。次のステップとして、チームのルールを定め、より丁寧な指針を作り、原則を実用的なものにする。慣れたものを提供するには、ありふれたデザインパターンを利用することだ。まずは「インターフェースをもっと慣れ親しんだものにするため、ありふれたデザインパターンを利用しよう」というルールを定める。また、デザイナーに「派手なUIや奇抜なアニメーションでユーザーの気を散らさないようにしよう」ということも推奨できるだろう。そしてまたひとつ、目標と観察結果、その達成のためにデザイナーが従うルールが備わった明快なフレームワーク[図12-3]ができあがった。

Familiarity over novelty

According to Jakob's law, we know that users spend most of their time on other sites, and they prefer your site to work the same way as all the other sites they already know.

To achieve this goal, we must:
• Use common design patterns to reinforce familiarity with the interface.
• Avoid distracting the user with a flashy UI or quirky animations.

慣れは目新しさに勝る

ヤコブの法則曰く、「ユーザーは他のサイトで多くの時間を費やしているので、あなたのサイトにもそれらと同じ挙動をするように期待している」。

目標達成のために、わたしたちは以下を守ることとする。

・インターフェースをもっと慣れ親しんだものにするため、ありふれたデザインパターンを利用しよう
・派手なUIや奇抜なアニメーションでユーザーの気を散らさないようにしよう

図12-3 デザイン原則、観察結果、ルールの他の例

結論

心理学をデザインプロセスの中に応用する最も効果的な方法は、それを全員の意思決定の中に組み込むことだ。この章では、本書で見てきた心理学的な原則をデザイナーが身につけて使いこなせるようになり、さらに、チームの目標や優先順位を表すデザイン原則を通じて実践に落としこむための方法をいくつか見てきた。まず最初に、オフィスで心理学的な原則を見える化して意識づけするという方法を見てきた。次に古典的なショー・アンド・テルの形式を用いて、シンプルに対話と知識構築の文化を醸成する方法を見てきた。

最後に、デザイン原則にどんな価値と利点があるか、デザイン原則をどう作り上げるか、そして、個々の原則が達成しようとしているものと、背景にある心理学的な理論をどうつなげていくのかを探索した。そのやり方とは、まず目標を定め、次にその目標に寄与する心理学的な観察を行い、最後にその観察結果をデザインに適用する方法を打ち立てる、というものだ。このプロセスを終えたチームには、見通しのきいたロードマップができあがる。このロードマップ上で、チームには価値観を共有するための明確なデザインガイドライン、ガイドラインを支持する心理学的な裏付け、よりどころとなるルールがもたらされるはずだ。

索引

A-Z

あ

か

さ

た

な

は

ま

や

ら

訳者あとがき

UXデザインの重要性はすでに広く認識されており、関心はその具体的な実現方法へと移っています。その実現には、UIキットやガイドラインなどのツール群、Design Opsに代表されるような運用手法、あるいはデザイン組織のあり方など多様なアプローチがあります。本書では、UXデザインに活用可能な心理学の法則の紹介だけでなく、それらをデザイン原則に反映する方法についても学ぶことができます。

もしあなたがデザイナーならば、本書はデザインに対する意思決定の根拠を説明するための重要な手引きとなるはずです。デザイナーにとってはよく知られている内容であっても、他の専門性を持つ関係者に伝える際には多くの工夫が必要です。本書で経験豊富な著者によって示された法則には、明確な論拠と広く知られたプロダクトを用いた具体例が数多く添えられています。また、新規事業の立ち上げなど、既存のデータが活用できない場面もあるかもしれません。本書はまさにそのような実体験をもとに書かれたもので、少ない手がかりをもとにデザインの方向性を示していかなければならない場面でも大いに活躍することでしょう。

もしあなたがプロダクトマネージャーやデザインマネージャーのようにチームで優れた体験の実現を目指す立場にいる場合、組織全体で良いデザインの基準を議論し、共通認識に至るためのヒントを得られるはずです。優れた体験はある特定の個人ではなく、プロジェクトに関わるすべての人によって支えられています。ユーザーインターフェースに対する知識ではなく心理学の法則を起点とすることで、異なる職種間であってもユーザーを中心に据えて目指すべきデザインの方向性を探ることが可能になります。

本書で紹介された行動経済学や認知心理学の知見はとても強力で、ユーザーを良い方向にも悪い方向にも導くことができます。そのため著者が本文で触れている通り、本書で知識を得た読者はその活用方法に責任を負うことになります。翻訳版の副題にある「最高のプロダクトとサービスを支える心理学」の「最高のプロダクトとサービス」とは規模や収益性だけでなく倫理的観点からも優れたプロダクトやサービスのことだと考えています。

本書の翻訳が、デザイナーやデザイナー志望者の手助けとなり、またチームや組織全体で良い体験を生み出すためのデザイン原則の策定に貢献できることを願っています。そして、この貢献が日本発の「最高のプロダクトとサービス」誕生や発展につながるのであれば幸いです。

最後まで読んでいただきありがとうございました。

2021年3月
翻訳者一同

著者紹介

Jon Yablonski | ジョン・ヤブロンスキ

デトロイトを拠点に、デザイン、講演、執筆、デジタルクリエイティブ制作などで活躍。UXデザインとウェブのフロントエンド開発の交差点が主要な関心事であり、これら2つの分野をハイブリッドなアプローチで融合させることで、デジタルにおける問題解決を行う。実務においてジャーニーマップやプロトタイプを作成する傍ら、「Laws of UX」(https://lawsofux.com/)、「Humane by Design」(https://humanebydesign.com/)、「Web Field Manual」(https://webfieldmanual.com/)など有用な情報発信にも携わっている。ゼネラルモーターズで次世代の車載インタラクティブ体験の開発に取り組んだ後、現在はBoom Supersonicのシニアプロダクトデザイナーを務める。

訳者紹介

相島 雅樹 | あいじま まさき

株式会社リクルート　SUUMOリサーチセンター研究員。1987年東京都生まれ。早稲田大学第一文学部を卒業後、慶應義塾大学大学院メディアデザイン研究科修士課程修了。2012年に株式会社リクルートに入社し、不動産ポータル「SUUMO（スーモ）」や新規事業のプロダクト開発に従事。2018年より現職。訳書に『行動を変えるデザイン：心理学と行動経済学をプロダクトデザインに活用する』（共訳、オライリー・ジャパン、2020年）。

磯谷 拓也 | いそがい たくや

株式会社リクルート　プロダクト統括本部プロダクトマネジメント統括室　グループマネージャー。慶應義塾大学大学院メディアデザイン研究科修士課程修了。2012年に株式会社リクルートに入社。国内事業サービスの立ち上げに複数関わった後、「Airレジ」海外版のUX戦略、プロダクトマネジメント業務を担当。2018年より現職。

反中 望 | たんなか のぞむ

株式会社リクルート　プロダクト統括本部プロダクトデザイン室　グループマネージャー。1980年生まれ。東京大学文学部卒業後、同大学院学際情報学府修士課程修了。システムエンジニアを経て、2008年に株式会社ビービットに入社。金融・教育・メディア等、様々な企業のUX・デジタルマーケティングのコンサルティングに従事。2015年に株式会社リクルートテクノロジーズ入社。「ゼクシィ」「SUUMO（スーモ）」をはじめとするウェブサービスのUX改善・戦略立案を担当。2018年より現職。訳書に『行動を変えるデザイン：心理学と行動経済学をプロダクトデザインに活用する』（共訳、オライリー・ジャパン、2020年）。

松村 草也 | まつむら そうや

株式会社リクルート　プロダクト統括本部プロダクトデザイン室　グループマネージャー。1984年東京都生まれ。東京大学工学部都市工学科卒業後同大学院工学系研究科都市工学専攻修了。2010年に株式会社リクルートコミュニケーションズ入社後、国内事業サービスのWebマーケティング・UX改善・機能開発に横断的に従事。2017年より現職。訳書に『行動を変えるデザイン：心理学と行動経済学をプロダクトデザインに活用する』（共訳、オライリー・ジャパン、2020年）。

UXデザインの法則
最高のプロダクトとサービスを支える心理学

2021年5月14日　初版第1刷発行
2023年2月1日　初版第4刷発行

著者　Jon Yablonski　ジョン・ヤブロンスキ
訳者　相島 雅樹　あいじま まさき
磯谷 拓也　いそがい たくや
反中 望　たんなか のぞむ
松村 草也　まつむら そうや

発行人　ティム・オライリー
デザイン　waonica

印刷・製本　日経印刷株式会社

発行所　株式会社オライリー・ジャパン
〒160-0002 東京都新宿区四谷坂町12番22号
Tel (03) 3356-5227　Fax (03) 3356-5263
電子メール japan@oreilly.co.jp

発売元　株式会社オーム社
〒101-8460 東京都千代田区神田錦町3-1
Tel (03) 3233-0641 (代表)　Fax (03) 3233-3440

Printed in Japan (ISBN978-4-87311-949-6)
乱丁本、落丁本はお取り替え致します。